图 1　养殖黄鳝泥鳅的稻田

图 2　田间工程建设

图 3　回字形田间沟

图 4　鱼凼式鱼沟

图 5　栽插好的水稻田

图 6　养泥鳅的稻田

图 7　泥鳅

图 8　台湾泥鳅

图 9　最适宜养殖的黄鳝品种

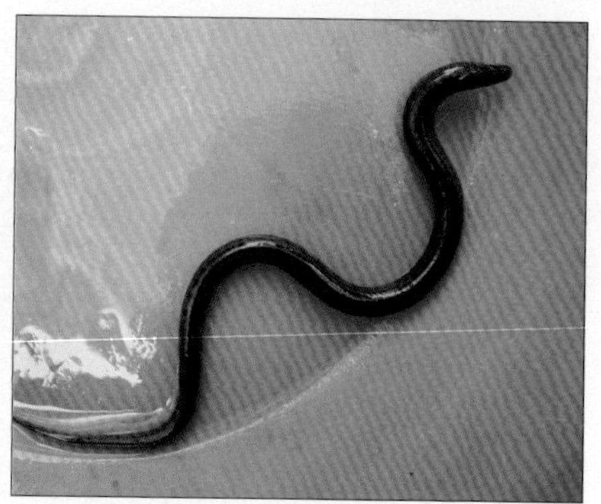

图 10　大规格黄鳝苗种

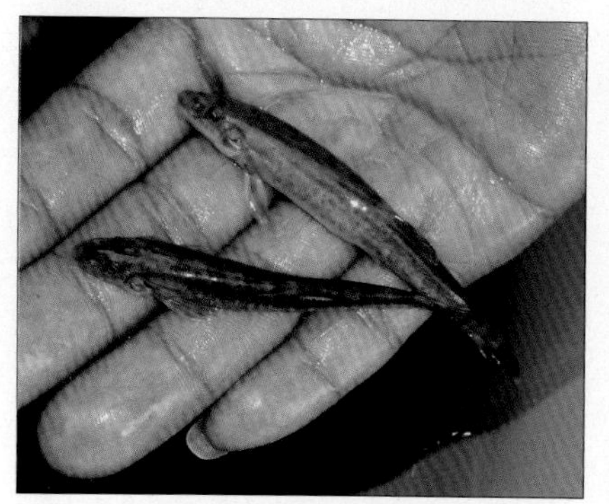

图 11　培育的优质苗种

图 12　生病的泥鳅

图 13　进行消毒的苗种

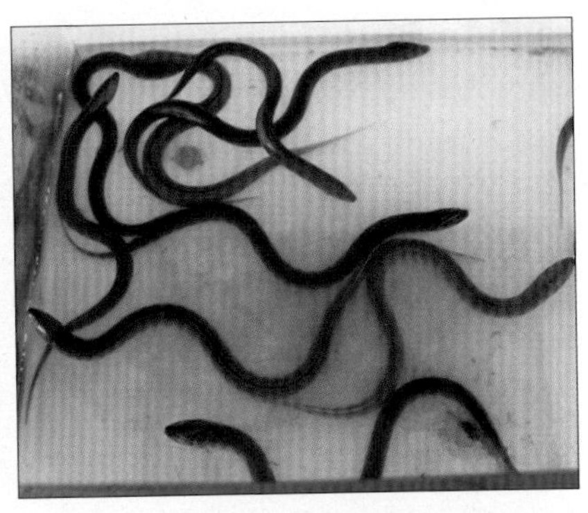

图 14　用食盐对黄鳝进行消毒

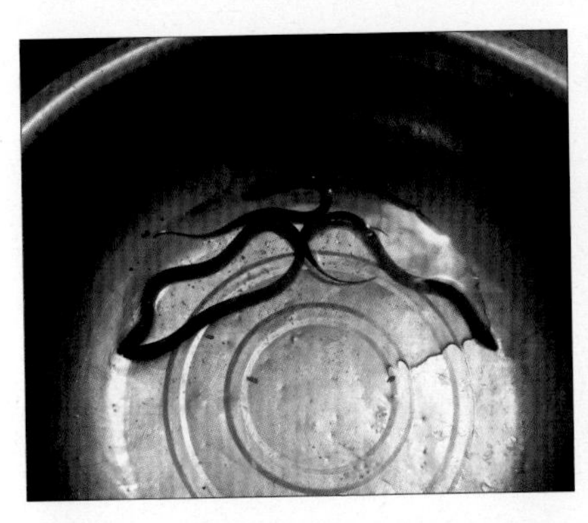

图 15　对黄鳝大规格苗种进行消毒

图 16　肥水膏

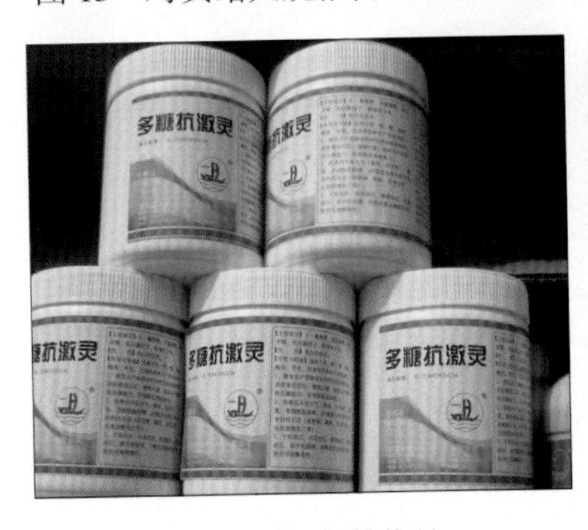


图 17　抗应激药品

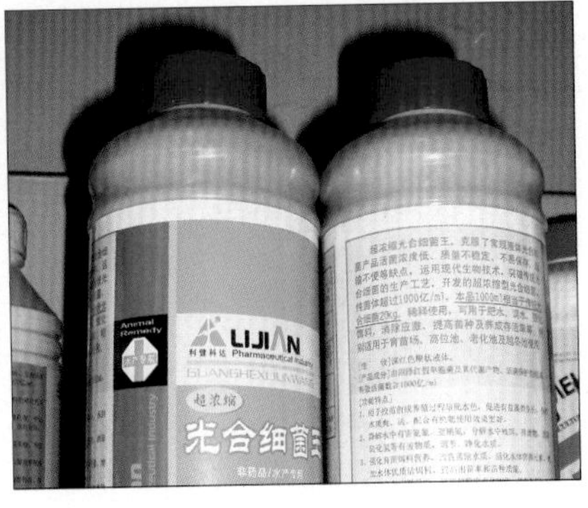


图 18　光合细菌王

图 19　完善的防逃网建设

图 20　养殖黄鳝的专用进水渠

图 21　L 形鳝笼

图 22　黄粉虫

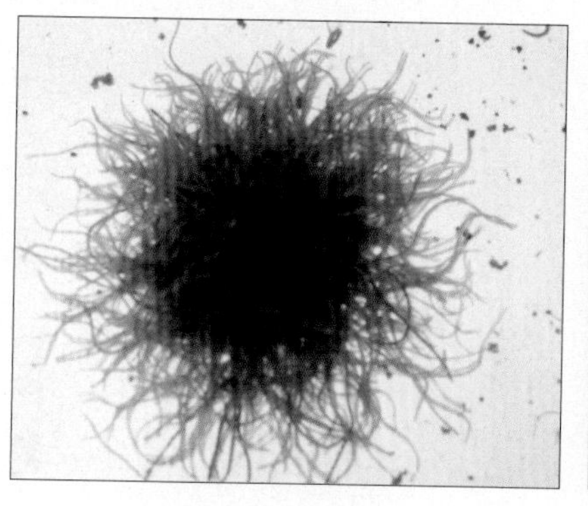

图 23　水蚯蚓

图 24　水花生

# 稻田养殖黄鳝泥鳅

占家智　哈传勋　羊　茜　编著

·北京·

**图书在版编目（CIP）数据**

稻田养殖黄鳝泥鳅 / 占家智，哈传勋，羊茜编著. —北京：科学技术文献出版社，2017.6

ISBN 978-7-5189-2666-4

Ⅰ. ①稻…　Ⅱ. ①占…　②哈…　③羊…　Ⅲ. ①黄鳝属—淡水养殖 ②泥鳅—淡水养殖　Ⅳ. ① S966.4

中国版本图书馆 CIP 数据核字（2017）第 096331 号

## 稻田养殖黄鳝泥鳅

策划编辑：孙江莉　责任编辑：李　晴　责任校对：张吲哚　责任出版：张志平

出 版 者　科学技术文献出版社
地　　址　北京市复兴路15号　邮编 100038
编 务 部　（010）58882938，58882087（传真）
发 行 部　（010）58882868，58882874（传真）
邮 购 部　（010）58882873
官方网址　www.stdp.com.cn
发 行 者　科学技术文献出版社发行　全国各地新华书店经销
印 刷 者　北京时尚印佳彩色印刷有限公司
版　　次　2017 年 6 月第 1 版　2017 年 6 月第 1 次印刷
开　　本　850 × 1168　1/32
字　　数　174千
印　　张　7.25　彩插4面
书　　号　ISBN 978-7-5189-2666-4
定　　价　25.00元

# 前　言

“六月黄鳝赛人参”，这是食客对黄鳝的美誉；“水中小人参”，这是人们对泥鳅的爱称。正是因为黄鳝和泥鳅具有特别的风味和保健功能，加上它们味道鲜美、营养丰富，已经成为人们竞相食用的佳品，更是我国在国际市场上坚挺的出口创汇的淡水鱼类，尤其是在韩国、日本、马来西亚、中国香港和中国台湾等国家和地区深受人们的青睐。

“小品种、大产业”，这是目前对黄鳝、泥鳅养殖的最好写照，发展黄鳝、泥鳅养殖是服务三农的绝佳选择，是调整农村产业结构、增强农民增收增效能力、拓展农村致富途径的需要。黄鳝、泥鳅的稻田养殖技术更是发展经济、富裕群众、增强出口创汇能力的技术保证。

近10年来，稻田养殖黄鳝、泥鳅技术在我国各地得以迅速发展，究其原因主要有如下几点：一是黄鳝、泥鳅的价格和价值已经被国内外市场接受，人们生产的优质黄鳝、泥鳅成品在市场上不愁没有销路；二是稻田养殖黄鳝、泥鳅的技术能够得到推广，许多地方将黄鳝、泥鳅养殖作为“科技下乡”“科技赶集”“科技兴渔”“农村实用技术培训”主要内容的同时，也对黄鳝、泥鳅的稻田养殖技术进行了重点介绍，这些养殖与经营的一些关键技术已经被广大养殖户吸收；三是只要苗种来源好、饲养技术得当，可以实现当年投资、当年受益，有助于资金的快速回笼；四是黄鳝、泥鳅的适应性和耐低氧能力非常强，食性杂，食物来源广泛且易得，这些特点决定了它们能在稻田里进行养殖，而且养殖效果非常好。因此，人们在进行水产品养殖结构调整时，往往把它们作为产业结构调整的首选品种。

在稻田中养殖黄鳝、泥鳅作为一种新兴技术，目前，在发展中仍然存在一定的技术瓶颈。主要体现在：一是由于黄鳝、泥鳅的生物学特性与一般鱼类还是有区别的，有些养殖户认为它们是非常好养殖的，往往没有进行任何思想准备和技术储备，就盲目养殖，最后导致失败。二是黄鳝、泥鳅的部分疾病还没有被完全攻克，例如，许多养殖户在养殖中发现，鳅苗在培育到 2.5 厘米时，稍有不慎就会大量死亡，鳅农们对此心惊肉跳，这种现象被称为“寸片死”，具体是什么原因及如何预防治，目前正在技术攻关中。三是苗种市场比较混乱，炒苗现象相当严重，伪劣鳝种、鳅种坑农害农的现象时有发生，尤其是所谓的“特大鳝”“泰国鳝”等更是让许多一心想发家致富的农民们损失惨重。四是针对黄鳝、泥鳅养殖的特有专用药物还没有开发，目前使用的仍然是一些兽药或其他常规鱼药。五是黄鳝、泥鳅的深加工技术还跟不上，目前在稻田里养殖出来的黄鳝、泥鳅还仅仅是为了满足吃，它们潜在的深加工价值还没有得到充分体现。六是相关媒体对黄鳝的负面报道仍然影响着人们的消费，尤其是“避孕药黄鳝”的传言满天飞，给黄鳝养殖的进一步发展带来了不小的冲击。

基于以上认识，再加上在生产过程中的一些经验，我们编写了《稻田养殖黄鳝泥鳅》一书。本书的重点内容是介绍黄鳝、泥鳅的稻田养殖技术及与之相配套的苗种供应、水稻栽插、田间管理、饵料供应、疾病防治等技术，希望能给广大农民朋友带来福音。

本书适合于水产养殖单位、养殖户及水产科技工作者阅读参考，如有不当之处，敬请读者朋友指正！

**占家智**

**2017 年 4 月**

# 目 录

# 第一章　鳝鳅的基础知识

## 第一节　黄鳝的概述

### 一、黄鳝的分类与分布

黄鳝（*Monopterus Albus*）又名鳝鱼、长鱼、无鳞公子等，属合鳃目、合鳃科、黄鳝属。黄鳝为亚热带鱼类，广泛分布于亚洲东部及南部的中国、朝鲜、日本、泰国、印度尼西亚、马来西亚、菲律宾等国家。黄鳝肉厚刺少、肉质细嫩、味道鲜美、营养丰富，别具风味，含肉率高达65%以上，深受广大食客的青睐，与泥鳅、鳗鲡合称为“淡水三参”。它不仅能做成多种美味佳肴，而且具有一定的药用价值。人工养殖黄鳝具有方法简便、占地面积小、饲料来源广、生产周期短、见效快、经济效益高等特点，是农村“短、平、快”致富的技术之一。

### 二、黄鳝的品种

一般可以将黄鳝分为3种：第1种，体色微黄或橙黄，体背多为黄褐色，腹部灰白色，身上有不规则的黑色斑点，这种鳝种生长快，最大个体体长可达70厘米，体重1.5千克左右，每千克鳝种生产成鳝的增肉倍数是5~6倍；第2种，体色青黄，这种鳝种生长一般，每千克鳝种生产成鳝的增肉倍数是3~4倍；第3种，体色灰、斑点细密，这种鳝种则生长不快，每千克鳝种生产成鳝的增肉倍数是1~2倍。因此，从养殖效益来看，我们在选择养殖品种时，应该选择第1种。

黄鳝的品种很多，其中生命力最强的是青、黄两种，它们在颜色和花纹上有一定的区别。以苗种体表略带金黄且有阴暗花纹的为上乘，其生长速度快、增重倍数高、养殖经济效益好；青色次之。为了确保养殖产量高、效益好，在发展黄鳝养殖生产上要逐步做到选优去劣，培育和使用优良品种。

## 三、黄鳝的形态特征

黄鳝体细长，近似圆筒形，前部浑圆，后部稍侧扁，尾短而尖，和我们平时见到的蛇很相似。一般体长25～40厘米，最大体长可达70厘米，体重可达1.5千克。头部膨大，吻部变尖，眼睛小，且隐藏在皮肤之下，有时不注意会发现不了鳝鱼的眼睛。黄鳝的体表光滑、没有鳞片，有丰富的黏液，在抓捕黄鳝时非常滑溜。黄鳝身体表面有一些黑色的小斑点，背面为黄褐色或青褐色，腹面呈灰白色或橘黄色（图1.1）。

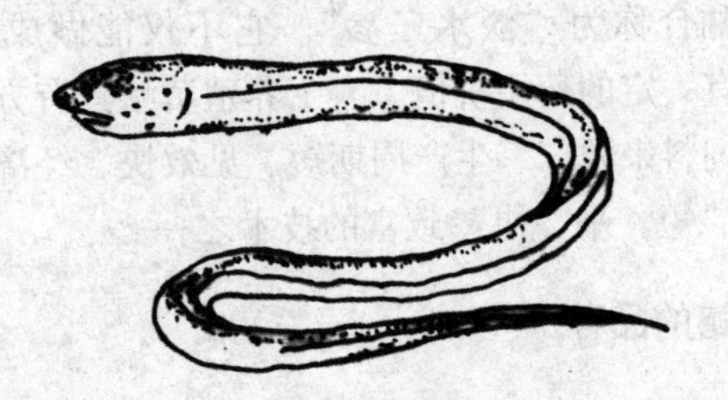

**图1.1　黄鳝**

黄鳝虽然是鱼类，但是它的背鳍和臀鳍已经退化，没有胸鳍和腹鳍，体内没有鱼鳔，在水中能短距离游泳，与鱼类快速且长时间的游泳有一定区别，在岸上仅适于扭动前进。因此，在养殖中也形成了它特有的养殖方式。

黄鳝的身体由骨骼系统、肌肉系统、呼吸系统、消化系统、循环系统、排泄系统、生殖系统、神经系统、感觉器官和内分泌系统等组成。

## 第二节 黄鳝的生活习性

黄鳝为底栖性鱼类，适应能力较强，对水体水质等要求不高。多栖息于河流、池塘、湖泊、水田、沟渠等静止水体的埂边或浅底泥穴之中。它除了具有一般鱼类的生活习性外，还具有以下的生活习性，这些必须要掌握，因为这些生活习性将直接影响人工养殖技术的设计和使用。

### 一、黄鳝的生活史

黄鳝的一生是从雌雄亲鳝排卵受精、精卵结合而成为有活性的受精卵开始算起，经历了胚胎发育期、鳝苗期（稚苗期）、鳝种期（幼鳝期）、成鳝期和亲鳝期等多个时期。

### 二、黄鳝的洞穴生活

黄鳝常利用天然缝隙、石砾间隙和漂浮在水面的水草丛作为栖息场所。它们喜欢在水体的泥质底层或埂边钻洞穴居。洞是由黄鳝用头钻成的。洞道弯曲、多分叉，每个洞穴至少有 2 个洞口，分别叫前洞和后洞。有的黄鳝洞穴更复杂，还有岔洞，一般相距 60 ~ 90 厘米，一个洞口在水中，供外出觅食或作临时的退路；另一个洞口通常离水面 10 ~ 30 厘米，便于呼吸，在水位变化大的水体中，有时甚至有 4 ~ 5 个洞口。洞口通常开口于隐蔽处，洞口下缘 2/3 没于水中。在水田中央的洞，离地面 3 ~ 4 厘米，并呈横向发展。前洞产卵处比较宽，后洞较窄且细长，洞长为黄鳝体长的 3 ~ 5 倍。在产卵前，雌雄亲鳝会在洞口吐出泡沫巢。

## 三、黄鳝的昼伏夜出习性

由于黄鳝长期的穴居生活习性，导致它们的视觉不发达，视神经功能减弱而怕光喜暗。因此，白天它们基本上是潜伏在水底、洞穴、草丛、树洞中、砖石下、岩缝中等地方，到了晚上就会出来活动、觅食。但要注意的一点是，黄鳝虽然具有昼伏夜出的习性，但是它们也不能长期处于绝对的黑暗环境中。

## 四、黄鳝的繁殖习性

1. 怀卵量

（1）不同体长和地区黄鳝的怀卵量

就个体来说，一般全长在20厘米左右的个体即可达到性成熟，不同体长的黄鳝怀卵量不同，个体长的黄鳝怀卵量明显大于个体短的黄鳝。例如，体长为20厘米的黄鳝的怀卵量为200～400粒，体长50厘米左右的黄鳝的怀卵量为500～1000粒。怀卵量除了与黄鳝的体长有关系外，还与它们的生长地区有密切关系。研究表明，不同地区的黄鳝，由于生长环境不同，怀卵量也不同。以长江水域的黄鳝为例：30克体重的个体怀卵量为250～500粒；50克体重的个体怀卵量为500～1200粒。

（2）产卵时间与水位变化的关系

黄鳝的繁殖习性与水位也有一定关系，主要表现在它们开始产卵的时间和盛期与黄鳝栖息环境的水位变化有关系，如遇枯水年份，则其产卵和产卵盛期都会推迟，等到水位上涨时才会繁殖。

2. 自然性比与配偶构成

黄鳝生殖群体在整个生殖时期是雌多于雄。7月之前雌鳝占多数，其中2月雌鳝占91.3%以上；8月雌鳝逐渐减少到

38.3%，因为8月之后雌鳝产卵后性腺逐渐逆转；9—12月当年的幼鳝长大成熟，雌鳝、雄鳝大约各占50%。秋、冬季人们捕获时，捉大留小。因此，开春后，仍是雌鳝占多数。黄鳝的繁殖，多数属于子代与亲代配对，也有与前两代雄鳝配对的。

3. 特殊的性逆转

黄鳝在生物学上有着奇特的性逆转现象，也就是生殖腺方面的特殊性。同一尾黄鳝的性腺，都是经过了先雌后雄的阶段，这在自然界中还是非常少见的。也就是说一尾黄鳝，在早期阶段是雌性阶段，后期为雄性阶段，而在前后期之间则为雌雄间体阶段。

黄鳝生殖腺右侧发达、左侧退化。繁殖期间，右侧卵巢几乎充满整个腹腔，透过腔壁，肉眼可以看见卵巢轮廓与卵粒大小及色泽。生殖腺左侧退化，仅为两端封闭的一根细管而已。生殖也在肛门后方，只在生殖期才接通。黄鳝从胚胎期到性成熟，都是雌性，产卵以后卵巢逐渐变成精巢。区别黄鳝的性别可从体长判断：体长在22厘米以下的全为雌性；体长在22厘米左右时，开始性逆转，也就是说雌鳝在产卵以后，它的卵巢逐渐变成精巢；体长在22~35厘米时大部分为雌性，少部分已经转化为雄性；体长36~45厘米时，雌雄个数几乎相等；成长至45厘米以上的个体全为雄性。黄鳝只能从雌性转变为雄性，而不能从雄性再转变成雌性。

黄鳝还有一种性逆转的现象，就是在繁殖季节到来时，若同批黄鳝群体里都是雌性，却没有雄鳝存在的情况下，此时同批黄鳝中就有少部分雌鳝主动“献身”，逆转为雄鳝后，再与同批雌鳝繁殖后代，这是黄鳝有别于其他动物的特殊之处。

4. 占巢习性

与其他许多肉食性鱼类一样，黄鳝在产卵前具有占区筑巢的特性。即将产卵的黄鳝一旦确定了自己的产卵区域，在一定的范围内，它将会禁止其他黄鳝进入，一旦发现有入侵者，就会发生打斗。若该黄鳝不能绝对保卫其产卵区域的安全，则会重新选择产卵区域。若即将产卵的黄鳝几经选择，均无法寻找到它认为安全的产卵区，那么，它将不产卵，而会随着产卵季节的结束将卵粒慢慢地吸收掉，这种未能产卵的黄鳝会在第 2 年像其他产过卵的黄鳝一样，逐渐转化成为雄鳝。为了使黄鳝在繁殖季节到来时，能够很容易地找到自己的安全产卵区，且尽量多地产卵，在自然繁殖或半人工繁殖时，每平方米鳝池内所投放的种鳝不要超出 10 条。

5. 筑巢产卵

性成熟的雌鳝腹部膨大，体呈橘红色（也有灰黄色），并有一条红色横线。黄鳝在产卵前，雌、雄亲鳝先钻洞吐泡沫筑巢，泡沫位于洞口的上方，积聚成巢。然后雌鳝将卵排出，积聚成团的卵并不产于泡沫中，而是产在巢上或洞口附近的草根上面或挺水植物、乱石块间。卵分批产出，雄鳝在卵上排精，受精卵和泡沫一起漂浮在洞口上面进行孵化发育，故受精卵在水面的泡沫中孵化，若泡沫被毁坏，卵即下沉。成熟的受精卵呈黄色或橘黄色、半透明，比重较水大，无黏性，卵径（吸水后）一般为 2 ~ 4 毫米，吸水膨胀后可扩大到 4.5 毫米左右。

亲鳝吐泡沫筑巢有两个作用：一是使受精卵不易被敌害发现；二是使受精卵托浮于水面，因为水面一般溶解氧高、水温高，有利于提高孵化率。

## 五、黄鳝的摄食习性

1. 黄鳝的摄食方式

黄鳝对食物的感知主要依靠其发达的嗅觉、触觉和振动觉来完成觅食任务，当食物落入水中或由活饵引起水体振动时，或者活饵料在水体中散发出特殊气味时，黄鳝就会追踪到达饵料、猎物旁边，然后用啜吸方式将其摄入口中。对于那些小型食物，如水蚤、黄粉虫、水蚯蚓等，黄鳝就会张开大口，一下子啜吸吞入；而对于一些大型无法一口吞入的食物，如较大的鱼、青蛙等，它一旦捕获后，立即用口里的牙齿紧紧咬住或扭动身体剧烈左右摆动，或咬住猎物全身高速旋转，使其死亡或身体被撕咬断裂后再慢慢吞入。

2. 黄鳝的吃食特点

黄鳝是一种凶猛的偏肉食性的杂食性水产动物，与它的习性相匹配，黄鳝的吃食也有如下几个显著的特点。

（1）偏肉食性

野生环境下的黄鳝，主要摄食水蚯蚓、蚯蚓、昆虫、小鱼虾、小螺蚌等小动物，只有在生活环境不佳或饵料生物极度匮乏的情况下，才吃一些植物性饵料。因此，在人工养殖时要做好一些活饵料的供应工作，这是小规模养殖黄鳝成功的保障。

（2）贪食性

由于黄鳝在野生状态下饲料无法得到保证，经常饱一顿饥一顿，长期的生存环境养成了其暴食暴饮的习性，一旦有机会能大吃一顿，它就变得非常贪食。人工养殖状态下，在吃食旺季，黄鳝也有这种贪食的特性，只要饵料新鲜可口，它一次摄入的鲜料量可达自身体重的 15% 左右。过量地摄入食物往往容易导致黄鳝消化不良，从而引发肠炎等疾病。因此，在投喂时一定要做好定量供应，就是为了防止黄鳝暴饮暴食。

（3）耐饥饿性

凡事都有两面性，黄鳝之所以贪食，还跟它有可能长期吃不到食物有关，因此，长期的生活环境和进化也造就了它具有非常强的耐饥饿能力。研究表明，即使是在黄鳝吃食和生长的高峰期，如果没有食物供给，它也能忍受饥饿 1 ~ 3 个月而不会饿死。如果在特别饥饿的状态下，黄鳝体质减弱易诱发疾病和发生大鳝吃小鳝的情况。因此，在人工养殖的情况下，一定要注意同池放养的规格和饵料的及时供应，以免发生以大吃小的现象，从而给黄鳝的养殖造成损失。

（4）拒食性

黄鳝的摄食活动依赖于嗅觉和触觉，通过它们可以感知食物的存在和食物的大小。但是饵料是否适口？黄鳝是否喜欢摄食？那就得通过它的味觉加以选择并做出是否吞咽的判断。对于无味、苦味、过咸、刺激性异味的饵料均拒绝吞咽，尤其是对饲料中添加药品极为敏感，有时即使暂时吃下，过一会儿也会吐出。这也是一些养殖者在饲料中添加敌百虫或磺胺类等气味明显的药物来治疗鳝病而不见效的根本原因，因为它们根本就没吃下去，当然也就达不到治疗的效果了。

（5）对蚯蚓的特别敏感性

许多捕黄鳝和钓黄鳝的人都知道，饵料的第一选择就是蚯蚓，这是因为黄鳝对蚯蚓的腥味天生特别敏感。如果水体中有蚯蚓存在，蚯蚓身上发出的特别气味能被数十米外的黄鳝嗅到，并引起黄鳝的兴奋，刺激它捕食的欲望。所以，要成功地养殖黄鳝尤其是成功地驯养野生的黄鳝，就有必要先把蚯蚓养好。虽然我们不主张主要依靠蚯蚓来养殖黄鳝，但为了达到顺利开食、驯化吃食配合饲料及增进黄鳝食欲的目的，养殖户在开展黄鳝养殖的同时，最好人工养殖一定数量的蚯蚓。

（6）不同阶段对饵料的喜好也有一定差别

据研究试验表明，黄鳝敏感且最喜欢吃食的食物顺序依次是：蚯蚓、河蚌肉、螺肉、蝇蛆、鲜鱼肉等。但是这种顺序并不是一成不变的，在不同的生长阶段，黄鳝对食物的喜好也有些不同：在鳝苗刚孵出时，它依靠自身的卵黄囊提供营养，不需要任何外界的食物；1 周以后的仔鳝吃食蛋黄、水蚯蚓和蚯蚓。因此，在鳝苗卵黄囊消失后，就可以投喂磨碎的蚯蚓糜或蛋黄糊；

幼鳝的食性就会广泛一点，这时爱吃水蚯蚓、蚯蚓、轮虫、枝角类、孑孓等天然的小型活饵料；成鳝主要摄食蚯蚓、小杂鱼、螺肉、蚌肉、小虾、蝌蚪、小蛙和昆虫等较大的动物性活饵料。为了解决饲料来源问题和提高增重，幼鳝和成鳝应尽可能及早驯化、投喂人工配合饲料。

## 六、黄鳝的生长习性

生长速度就是黄鳝的个体在它的生命过程中体长和体重的增长情况，黄鳝的生长速度受品种、年龄、营养、健康和生态条件等多种因素影响，黄鳝的生长速度在自然条件和人工养殖条件下表现得明显不同，具有显著的差异性。总的情况是，野生黄鳝在自然条件下的生长是非常缓慢的，而人工养殖的黄鳝生长速度要快得多。

根据相关专家的资料介绍，在自然条件下，黄鳝生长速度与环境中饵料丰歉程度相关，一般生活于池塘、沟渠的黄鳝生长速度快一些，丰满度高，而栖息于田间的黄鳝则生长速度较慢。5—6 月孵化出的小鳝苗，长到年底冬眠时，它的个体体重平均为 5 ~ 10 克；到第 2 年年底个体体重平均为 10 ~ 20 克；到第 3 年年底个体体重平均为 50 ~ 100 克；到第 4 年年底个体体重平均为 100 ~ 200 克；到第 5 年年底个体体重平均为 200 ~ 300 克；到第 6 年年底个体体重平均为 250 ~ 350 克；6 年以上的黄鳝生长更加缓慢，已经处于年老状态。

在人工养殖条件下，由于环境优越、饵料充足、管理到位，采用优良的品种并配以科学的饲喂方法，并进行有效的驯养和全价的饵料投喂情况下，5—6 月孵化的鳝苗养到年底，单尾个体体重平均可达 60 克，能够达到市场收购的标准，完全实现当年养殖当年上市，若第 2 年继续养殖，则个体体重可达 150 ~ 250 克，第 3 年可达 350 克左右，400 克以上生长缓慢。

## 七、环境对黄鳝的影响

1. 溶解氧对黄鳝的影响

黄鳝生活在水中，对水里的溶解氧还是比较敏感的，尤其是对水体的上下层间的温差反应更加敏感。另外，黄鳝自身也有耐低氧的能力，它的辅助呼吸器官很发达，当水底短时间内缺氧时，它常常会将头部用力伸出水面，利用肠呼吸，直接利用空气中的氧气可以暂时缓解缺氧所带来的危害，因此，在养殖时我们会有“黄鳝很耐低氧，不会缺氧死亡”的误解，而对氧气供应掉以轻心，这是不对的。虽然养殖水体内短时间的缺氧一般不会导致黄鳝的泛塘，但是一旦缺氧时间过长，轻则影响它的生长，尤其是性腺发育会停滞，重则会导致黄鳝直接死亡。

2. 硫化氢对黄鳝的影响

硫化氢是有毒气体，在水质恶化时它会大量产生，直接毒杀黄鳝，造成死亡。因此，在人工养殖时，一定要在放养鳝种前对池塘进行清淤、曝晒处理，同时在养殖过程中要适时增加水体溶解氧，减少硫化氢产生的机会。

3. 氨对黄鳝的影响

水体中的氨主要是由于氧气不足时含氨有机物分解而产生的，或者是由于氮化合物被反硝化细菌还原而产生。黄鳝对水体中的氨是比较敏感的，当水体中的氨达到一定浓度时，会中毒而死。

4. 水温对黄鳝的影响

黄鳝是变温动物，对水温的反应非常敏感，水温不但影响黄鳝的摄食，而且还直接影响它的生长发育。因此，在养殖过程中，要加强对养殖环境中的温度调节与控制，具体的方法和要点在本书的相关章节会有讲述。

5. pH 对黄鳝的影响

黄鳝在 pH 为 6.5～7.2 的水体中，生长良好，这是因为它喜欢栖息在松软多腐殖质的地方，中性略偏酸性的水体比较适宜其生长。

### 八、黄鳝的体滑善逃特性

黄鳝的身体润滑，逃逸能力非常强。春夏季节雨水较多，当池水涨满或池壁被水冲出缝隙或出现漏洞时，黄鳝会在一夜之间全部逃光，尤其是在水位上涨时会从黄鳝池的进、出水口逃走。黄鳝在逃跑时，头向上沿水浅处迅速流动或整个身体急速窜出，如果周围有砖墙或水泥块时，它会用尾巴向上紧紧钩住，然后快速跃起而逃走，黄鳝的逃跑习性往往是造成养殖失败的主要原因之一。因此，养殖黄鳝时一定要提高警惕，务必加强防逃管理，特别是下雨时，要加强巡池，检查进、出水口防逃设施是否有堵塞现象，是否完好，进、出水口一定要有防逃设备。平时当水位达到一定高度时，要及时排水，防止池水溢出，造成黄鳝逃逸。另外，在换水时也要做好进、出水口的防逃措施。

## 第三节　泥鳅的概述

民间俗话说："天上的斑鸠，地下的泥鳅。"由于特殊的营养价值和保健功能，泥鳅被人们誉为"水中人参"。泥鳅肉质细嫩、肉味鲜美、营养丰富、蛋白质含量高，还含有脂肪、核黄素、磷、铁等营养成分，是著名的滋补食品。在医用方面，民间用泥鳅治疗肝炎、小儿盗汗、皮肤瘙痒、腹水、腮腺炎等病均有一定的疗效。另外，泥鳅也是我国外贸出口的主要水产品之一，泥鳅在国际国内都属于畅销水产品。

泥鳅群体数量大，是一种重要的小型淡水经济鱼类，长期以来人们总是从自然界中捕捉，很少进行人工养殖。但由于它具有生命力强、适应环境能力强、疾病少、成活率高、繁殖快、饵料杂且易得的优势，因此，从养殖角度来说，它也是一种最易饲养且又可获得高产的鱼类，已成为稻田里和水稻进行结合种养的主要水产养殖品种之一。

## 一、泥鳅的分类与分布

泥鳅（*Misgurnus Anguillicaudatus*）又称鳅、鳅鱼、鳛鱼、泥巴狗子，属鱼纲、鲤形目、鲤亚目、鳅科、鳅亚科、泥鳅属。本属种类较多，在全世界有 10 余种，常见的有真泥鳅、大鳞副泥鳅、内蒙古泥鳅（埃氏泥鳅）、青色泥鳅、拟泥鳅、二色中泥鳅等，其外形基本相差无几，广泛分布于中国、日本、朝鲜、俄罗斯及印度等地。泥鳅是温水性鱼类，在我国分布很广，除青藏高原外，各地的河川、沟渠、水田、稻田、池塘、湖泊、堰塘及水库等淡水水域中均有分布，尤其在长江和珠江流域中下游分布极广。我们通常养殖的泥鳅是真泥鳅和大鳞副泥鳅，由于真泥鳅和大鳞副泥鳅外表区别不明显，人们通常把真泥鳅和大鳞副泥鳅统称为泥鳅。

中国科学院水生生物研究所陈景星在 1981 年出版的《鱼类学论文集》一书中认为，我国境内的泥鳅共有 3 种：北方泥鳅、黑龙江泥鳅和真泥鳅。北方泥鳅主要分布于黄河以北地区，黑龙江泥鳅仅分布于黑龙江水系，真泥鳅在全国各地均有分布。

我国水产研究人员在对泥鳅的染色体进行比较研究时发现，泥鳅的染色体可分为两种类型，即二倍体泥鳅和四倍体泥鳅。虽然它们都叫泥鳅，养殖户一般也轻易分辨不出来，但是事实上这两种泥鳅的生长特性还是有明显区别的，经过生产实践检验，四倍体泥鳅的生长速度明显快于二倍体泥鳅。

## 二、泥鳅的品种

根据相关文献资料表明，全世界的泥鳅种类很多，大概有10来种。不同的泥鳅，它们的生长速度不同，养殖收益也是不同的，因此，在养殖时，一定要选择好泥鳅的品种。现将在我国有一定养殖价值的几种泥鳅进行简要介绍。

1. 真泥鳅

真泥鳅也就是我们通常所说的泥鳅，经济价值较高，最适于养殖，具体特征在前面已经讲述，不再赘述。

2. 沙鳅

小型鱼类，栖居于沙石底河段的缓水区，常在底层活动。吻长而尖，口须3对，体背有方形褐色斑点，体侧有两列纵连的褐色斑点，其中下列较大而明显；眼下刺分叉，末端超过眼后缘；各鳍均有黄白相间条纹；尾柄较低；体长12厘米以下。

3. 花鳅

花鳅又名大斑花鳅，是一种淡水中常见的小杂鱼，广泛分布于我国东部地区各水系的浅水区。体长形，4~8厘米，侧扁，唇厚；口须4对，有眼下刺，其基部为双叉形；侧线侧中位；腹侧白色；鳍淡黄色，体侧沿纵轴有6~9个较大的略呈方形的斑块，背鳍、尾鳍有小黑点，尾鳍基上侧有一亮黑斑。

4. 长薄鳅

长薄鳅，为底层肉食性鱼类，以底层小鱼为主食，生活于江河中上游水流较急的河滩、溪涧。常集群在水底沙砾间或岩石缝隙中活动。一般个体重1.0~1.5千克，最大个体体重可达3千克左右。生殖期在3—5月，卵黏附在沙石上孵化。

5. 带纹沙鳅

带纹沙鳅，体长7~9厘米，最大可达20厘米，体长形，侧扁；头尖锥状，略侧扁；口下位，吻须2对，上颌须1对；背鳍始于体中央稍后，外缘斜直或略凹；体背侧暗绿灰或黄灰色，在体侧上方有 12 条黑褐色宽横纹，腹侧白色；头背侧有 2 条暗色纵纹。分布于黑龙江、长江等多沙的江河底层。

6. 大鳞副泥鳅

大鳞副泥鳅，身体较长而侧扁，腹部较浑圆；比普通泥鳅的身体略短，有须 5 对，口角一对最长，末端远超过前鳃盖骨后缘；胸鳍、腹鳍、臀鳍灰白色，背鳍及尾鳍有黑色小点。分布比较广泛。

7. 黄金鳅

现在有的地方正在流行养殖一种黄金鳅，其主要体表特征与普通泥鳅是一样的，只是体色变异为黄色而已，可以考虑用来培育观赏鳅。

8. 台湾泥鳅

近年来，台湾泥鳅的养殖比较火，其实台湾泥鳅就是大鳞副泥鳅的一种，在我国多分布于长江中下游和台湾西北部的浅滩河流，主要特点为生长快、体大，母鱼生长比较快。1992 年由湖北省水产研究所进行培育和人工繁殖研究，其后于 2000 年在浙江湖州、顺德、仙桃等水产技术站推广养殖，2011 年由南海渔愉鱼水产服务有限公司重新进行推广养殖，由于其存在权属争议，广东海洋与渔业局已委托多家水产报刊进行澄清并启动调查核实。现在国内泥鳅市场火热，供不应求，而台湾泥鳅以生长周期短、味道鲜美而出名，因此，具有广阔的市场前景。

以上几种有养殖价值的泥鳅，养殖者可以根据自己所在地的资源条件选择养殖。由于真泥鳅和大鳞副泥鳅的外表区别不是很明显，因此，人们通常把真泥鳅和大鳞副泥鳅统称为泥鳅。从养殖角度来说，养殖真泥鳅的效益更好一些，而且在我国大多数地区，以养殖真泥鳅为主，当然有的地区也养殖大鳞副泥鳅。

## 三、泥鳅的形态特征

1. 体型

泥鳅的体型较小，像黄鳝，只是比黄鳝要短得多，总的来说，身体细长，前部呈长筒状，腹部宽圆，尾部侧扁，体长 4～17 厘米。根据科研人员的测定与研究表明，泥鳅的体长为体宽的 5.8～8.6 倍（图 1.2）。

图 1.2　泥鳅

2. 头部

泥鳅的头部比较尖，吻部向前突出，唇厚且软，下唇有 4 须突，有明显的细皱纹和小凸起。口下位，呈马蹄形，眼和口都较小。泥鳅的视觉不发达，眼上覆盖着皮膜，眼间隔宽于眼径，前鼻孔有短管状皮突。

3. 须

泥鳅的口须共有 5 对，其中吻须 1 对，上颌须和下颌须各 2 对，一大一小。泥鳅的 5 对须对外界的反应是极其敏感的，是泥鳅的主要触觉和味觉器官。

4. 鳞

泥鳅的头部是没有鳞片的，而且身体上的鳞片也非常细小，呈圆形，埋于皮下，如果不仔细看，就看不到鳞片的存在，所以一般人都会认为它是无鳞鱼。据测定，泥鳅的侧线鳞多达 150 片左右。

5. 体表

泥鳅的体表黏液非常丰富，适宜钻洞，因此，我们在用手捉时，会感觉非常黏滑。体表上的黏液不但可以帮助它们躲避敌害的伤害，同时也是它们防止外部病菌侵入体内的一道天然屏障。体背及体侧的2/3以上部位呈灰黑色，上面密布着黑色斑点，而体侧的下半部呈白色或浅黄色，所以又被称为黄鳅，侧线处于身体的侧中位，常不明显，尾柄基部上方有一块黑色大斑。

6. 鳍

泥鳅的背鳍位于身体中央稍后，臀鳍位于腹鳍基与尾鳍基的正中间。胸鳍侧下位，成年鳅呈圆形（雌鳅）或尖形且第一鳍条很粗长（雄鳅）。腹鳍始于背鳍起点下方或略后，雄鱼鳍较长。尾鳍圆形。尾柄上下缘略有皮棱，并有黑色小斑点。肛门位于臀鳍稍前方。

## 第四节　泥鳅的生活习性

农村地域广大，水利资源丰富，是发展泥鳅养殖业的好地方。很多农户纷纷利用现有条件来实施改造养殖泥鳅，但是要想养好泥鳅，必须熟悉它们的习性特征，以便更好地采取有效的人工管理手段。那么泥鳅主要有哪些生活习性呢?

### 一、底栖性

泥鳅为温水性底栖鱼类，生命力强，喜欢栖息在常年有水的池塘、沟渠、塘堰、湖沼、水池、稻田等泥沙底的浅水区，或是腐殖质多的淤泥表层，喜中性和偏酸性的泥土，一般很少游到水体的上、中层活动，白天常钻入泥土中，夜晚外出活动觅食，在自然条件下，冬季会钻入洞穴中越冬。

## 二、喜温性

泥鳅属于温水性鱼类，对温度的适应能力还是比较强的，据研究表明，它的生长适宜水温为13～30 ℃，最适水温为20～25 ℃，此时生长速度最快。泥鳅有一种自我保护特性，就是会冬眠或夏眠，当冬天水温低于6 ℃、夏天水温超过34 ℃或枯水期天旱干涸时，它们都会潜到10～30厘米深的泥层或草层中栖息，呈不食不动的休眠状态，此时它们的食欲减退，生长缓慢，只要土壤中稍有湿气、稍有少量水分湿润皮肤，就能维持生命。这是因为，泥鳅除了能够用鳃呼吸外，还能用皮肤和肠呼吸。当次年水温上升至8 ℃及以上时，开始出穴活动。4—10月是泥鳅生长旺盛的季节。这种夏天进行休眠的现象称为夏眠，冬天进行休眠的现象则称为冬眠。正是由于泥鳅对气候敏感，西欧人对它们有另外一种称呼——“气候鱼”。

在利用稻田养殖泥鳅时，必须对泥鳅养殖环境进行防暑降温，可采用的方法包括如下方面。

①在田埂上种植丝瓜、南瓜、葫芦、葡萄等藤蔓形瓜果，并在田间沟的上方搭建架子供瓜果攀爬，面积占田间沟总面积的1/6～1/5。

②在稻田里进行高密度养殖泥鳅时，在田间沟的角落处种植莲藕、茭白等挺水植物，或移栽水生植物如浮萍、水浮莲等漂浮性水草，以供泥鳅在高温时避暑，同时还可为泥鳅提供部分植物性饲料，也满足了泥鳅对光照强弱的需要。

③适时加注新水、适当提高水位。

## 三、耐低氧

泥鳅比一般的鱼类更耐低氧，它除了能用鳃呼吸外，肠和皮肤也有辅助呼吸作用。用肠呼吸是泥鳅特有的生理现象，肠呼吸量可占全部呼吸量的1/3以上。泥鳅肠壁薄、肠管直，而且血管丰富、分布广，具有辅助呼吸、进行气体交换的功能，当水温上升或水中缺氧时，泥鳅就会从水底直接游到水面吞空气在肠内进行气体交换，氧气被充分吸收，而体内的二氧化碳等废气则由肛门排出。因此，当泥鳅下沉时，有时会听到“咕咕”声音，其实这就是它的肛门在排气时发出的气流撞击声。这多发生在气候骤变、低压暴雨来临前，所以泥鳅能适应底层静水体中的缺氧环境。当水干涸或者冬季钻入淤泥中，靠湿润的环境行肠道呼吸，可长期维持生命。

泥鳅对缺氧环境的抵抗力，远胜于其他的养殖鱼类。因此，它是一种增产潜力很大的养殖鱼种，既适合于高密度养殖，有很大增产潜力，又不易在运输时因缺氧而死亡。据密封装置试验，在水温24.5℃时，泥鳅幼鱼在水中溶解氧低至0.46~0.48毫克/升时，才会死亡；泥鳅成鱼在水中溶解氧低至0.24毫克/升时才会死亡。它的窒息点要比我们常见的鱼类如青鱼、鲫鱼、鲢鱼、草鱼（0.58~0.99毫克/升）等要低很多，仅仅比鳙鱼（0.23毫克/升）略高一点。在人工养殖的情况下，缺氧时泥鳅会游至水面吞食空气，进行肠呼吸，因而，即使溶解氧低于0.16毫克/升，仍可安然无恙。

泥鳅还有一种本事就是利用皮肤进行呼吸。有试验表明，将体长5厘米左右的当年小泥鳅放在干燥的玻璃缸中存放1小时后，再将其放回到水体中，它们仍然能存活并能正常生长；还有人做过试验，将更大一点的体长达到12厘米的成年泥鳅放在干燥的玻璃缸中6小时后，再放回到水体中，依然能正常存活。

正是由于泥鳅的肠和皮肤都能进行辅助呼吸，再加上鳃的主要呼吸功能，就决定了在养殖和运输泥鳅时，能大大提高它们的成活率和养殖密度，尤其在运输时不需要太多的水，可以大大节约运输成本，降低养殖过程中的费用。

## 四、善逃性

和黄鳝一样，泥鳅不但会逃跑，而且它们的逃逸能力非常强。在养殖过程中春夏季节雨水较多，当养殖的稻田水位涨满或田埂被水冲出缝隙或出现漏洞时，稻田里的泥鳅会在一夜之间全部逃光，尤其是在水位上涨时会从稻田的进、出水口逃走。因此，养殖泥鳅时一定要提高警惕，务必加强防逃管理，特别是下雨时，要加强巡查，检查进、出水口防逃设施是否有堵塞现象，是否完好，进、出水口一定要有防逃设备。平时当水位达到一定高度时，要及时排水，防止田水溢出，造成泥鳅逃逸。另外，在换水时也要做好进、出水口的防逃措施。

## 五、泥鳅的摄食习性

1. 泥鳅的食性

泥鳅是以动物性食物为主的杂食性鱼类，食性很广，一般摄食水蚤、水蚯蚓、昆虫、扁螺、水草、腐殖质及水中泥中的微小生物。泥鳅摄食的天然饵料主要有硅藻类、绿藻类、蓝藻类、枝角类、桡足类、裸藻类、黄藻类、轮虫和其他的原生动物类等。在天然水域中，不同生长规格的泥鳅，其摄食对象有所不同。幼鱼期间喜吃动物性饵料，主要摄食小型甲壳动物、水蚯蚓、水生昆虫等；成鱼期间则转以植物性饵料为主，如高等植物的种子、碎屑和藻类植物等，有时亦摄食水底泥渣中的腐殖质。

从体长和摄饵的关系来看，在幼苗阶段，体长 5 厘米以下时，主要摄食小型甲壳类，如轮虫、枝角类、桡足类和原生动物等动物性饲料，其次是腐殖质；泥鳅的体长达 5 ~ 8 厘米时，除摄食小型甲壳类外，还摄食水蚯蚓、摇蚊幼虫、水生和陆生昆虫及其幼体、河蚬、幼螺、蚯蚓等底栖无脊椎动物，偶尔也摄食各种藻类、有机碎屑和水草的嫩叶及芽等；泥鳅的体长达 8 ~ 9 厘米时，食性更杂，主要摄食大型浮游动物、硅藻、绿藻类、蓝藻类，以及高等水生植物的茎、根、叶、种子等，也食用部分微生物和碎屑；泥鳅的体长达10厘米及以上时，以摄食植物性饲料为主，兼食其他饲料。

在人工饲养条件下，鳅苗阶段可投喂蛋黄和其他粉状饲料，也可投喂昆虫、水蚤、水蚯蚓等。鳅种阶段可投喂米糠、麸饼类、蚕蛹粉等，也可以用堆放厩肥、鸡粪、牛粪、猪粪等方法培育浮游生物作鱼苗鱼种饲料。成鳅阶段用米糠、马铃薯渣、蔬菜渣、蚕蛹粉、麸饼粉等与猪粪或腐殖质土混合制成颗粒饲料或团状饲料投喂。人工养殖泥鳅投喂时一定要做到定时、定点、定质和定量喂食。由于泥鳅特别贪食，因此，饲料投喂不宜过多，日投饲量，鳅种阶段为其体重的5%~8%，成鳅阶段为其体重的5%左右。开始时每天傍晚喂1次，以后驯化改为白天投饲，上、下午各投饲1次。如果投喂过多，易导致泥鳅消化不良而胀死。

泥鳅的摄食量一般都比较大，但随着个体的增大，一次饱食量占体重的百分比逐渐降低，一次饱食时间逐渐延长。泥鳅对动物性饵料的消化速度较植物性饵料快，其中对浮萍的消化速度最慢，消化蚯蚓的速度较快。泥鳅与其他鱼类混养时，常以其他鱼类吃剩的残饵为食，也可以吞食鱼类的粪便，所以泥鳅常被称为“清洁工”。

2. 泥鳅在稻田里的食性

在稻田的天然生态环境中，如果不人工投喂饵料的话，泥鳅主要吃些什么呢？华中农业大学水产学院相关教授作过调研：1998年5月，在华中农大附近的水稻田里采集28尾泥鳅，立即对它们进行解剖，发现其肠道中充满食物。提取肠道内容物，经固定后进行食物分析，可见在自然状态下，在稻田里生长的泥鳅吃的食物组成主要包括以下几种（表1.1）。

表 1.1 稻田中泥鳅肠道内食物组成分析（$N=28$）

| 食物种类 | 出现尾数/P | 出现率/% | 摄食强度 | | | |
|---|---|---|---|---|---|---|
| | | | 很多 | 多 | 较多 | 仅出现 |
| 水绵 | 11 | 39.3 | | | 2 | 9 |
| 喇叭虫 | 2 | 7.1 | | | | 2 |
| 轮虫 | 2 | 7.1 | | | | 2 |
| 线虫 | 7 | 25.0 | | | | 16 |
| 水蚯蚓 | 1 | 3.6 | | | | 1 |
| 扁螺 | 1 | 3.6 | | | | 1 |
| 低额蚤 | 3 | 10.7 | | | | 3 |
| 粗毛蚤 | 1 | 3.6 | | | | 1 |
| 尖额蚤 | 16 | 57.1 | | | | 16 |
| 盘肠蚤 | 2 | 7.1 | | | | 2 |
| 弯尾蚤 | 5 | 17.9 | | | 5 | |
| 介形虫 | 22 | 78.6 | | 4 | 10 | 8 |
| 剑水蚤 | 24 | 85.7 | | | 12 | 13 |
| 摇蚊幼虫 | 6 | 21.4 | | | 1 | 5 |
| 水生昆虫 | 4 | 14.3 | | | | 4 |

从表 1.1 中可以看出，泥鳅在稻田中以摄食介形虫、剑水蚤、尖额蚤等小型动物为主，以摄食水绵为辅，偶尔还摄食其他一些水生动物如线虫等。这说明如果在不投喂的情况下，在稻田中的泥鳅是以摄食水生动物为主、水生植物为辅的杂食性鱼类。

泥鳅在稻田里的天然食性给我们养殖的几点启示：一是环境中尤其是稻田的生态环境中食物的易得性及喜好性是影响泥鳅食物组成的重要因素。当我们向稻田中投喂饵料时，对于泥鳅来说，易得性和喜好性都发生了重大改变，它们肠道内的食物自然会发生改变，而稻田里的天然饵料是不足以满足大量泥鳅养殖的，因此，在稻田中进行稻鳅轮作共生时，是需要进行人工投喂的，这是我们获得高产高效的基础。二是从稻田里泥鳅的食物组成来看，泥鳅对环境条件尤其是稻田的环境是比较适应的，即使在食物缺乏的情况下，它们也能通过摄食有机碎屑和活性淤泥来满足它们最基本的生长发育所需。因此，我们在稻田养殖泥鳅时，最好通过投饵来满足它们生长发育所需的能量。三是我们在进行稻鳅轮作共生时，可以充分利用在栽秧前施用的有机基肥来培养饵料生物，满足泥鳅前期的生长发育所需。对于成鳅养殖时，可以通过在稻田的田间沟里投放鲜活的螺蛳、河蚌、蚬贝及人工培育的水蚯蚓、蚯蚓等活饵料，还可以投喂蚕蛹粉、畜禽内脏等动物性饲料，同时合理搭配一定比例的价格低廉、来源广泛且易得的植物性饲料，如麸皮、米糠、豆渣、三等面粉、四号粉及一些瓜果蔬菜等。

3. 泥鳅的吃食特点

总的来说，泥鳅的吃食有四大特点：一是泥鳅的吃食量比较大，而且比较贪食，这是它们长期在自然环境中慢慢适应而形成的结果。二是随着泥鳅个体的增长和增重，泥鳅一次吃饱的时间会逐渐延长，一次饱食量占身体体重的百分比却在不断下降，但是一次的绝对摄食量是逐渐增加的。三是泥鳅对动物性饵料和植物性饵料的消化利用能力不同，总的来说，对动物性饵料的消化利用能力要比植物性饵料快得多。根据相关的研究表明，泥鳅对浮萍的消化利用速度最慢，长达 7 小时左右，而对蚯蚓的消化利用能力较快，只需 4 小时左右，因此，我们在养殖泥鳅时，应尽可能地投喂动物性饵料或含动物蛋白较高的颗粒饲料。四是泥鳅的摄食高峰期是在它们的生长发育高峰期，也就是适宜生长的温度范围内的时间，主要是在 5—9 月；泥鳅习惯在夜间吃食，因此，在自然环境下，一般会在夜晚出来觅食，但在产卵期和生产旺盛期，它们体内的能量消耗过多，需要及时补充能量，因此，在这段时期泥鳅白天也摄食。产卵期的亲鳅比平时摄食量大，雌鳅比雄鳅摄饵多。当然，泥鳅在一昼夜中也不是平均吃食的，它们有两个吃食高峰期，一个是在上午7—10点，另一个是在下午的4—6点，而在清晨的5点左右则有一个明显的吃食低潮。更重要的是，在下午的吃食高峰期是最主要的，占整天食物量的70%左右，因此，我们在稻田养殖泥鳅时，可以考虑在下午投饵。这个特性告诉我们，在稻田养殖泥鳅时，最佳摄饵时间也就是它们的摄食高峰期，即每天上午的7—10点和下午4—6点是适宜投喂的时间。经过驯养后也可改为白天摄食，但驯食后，无论是幼鳅还是成鳅，对于光的照射都没有明显的趋光或避光反应。

## 六、泥鳅的生长习性

泥鳅的生长速度和饵料、养殖密度、水温、性别、规格大小和发育时期等密切相关，尤其是饲料的质量和数量决定了泥鳅的生长速度，在人工养殖中个体会出现较大的差异，这是正常的表现。

在自然环境中，泥鳅生长较慢。一般刚孵出的泥鳅苗，体长3~4毫米，1个月能长到2~3厘米，再经1个月的生长就可以达到5厘米左右，6个月后达7厘米左右，体重在3克左右，在生长10个月后，体长可达12厘米，体重10克左右。此后，雌雄泥鳅生长便开始产生明显差异，雌鳅生长比雄鳅快。据调研，雌鳅最大个体可达20厘米，重100克左右；雄鳅最大17厘米，重50克。

在人工养殖条件下，刚孵出的泥鳅苗经20天左右即可长至3厘米及以上，当年可长至10~12厘米，即每千克60~80尾的商品鳅。泥鳅的人工养殖周期一般为1年，经4~6个月的饲养，泥鳅体重可增加4～6倍，第2年生长速度较第1年的生长速度要慢，但肥满度增加，肉质和口感会更好。

### 七、泥鳅的繁殖习性

泥鳅一般1冬龄性成熟，属于多次性产卵鱼类，成熟个体中往往雌泥鳅比例大，雄泥鳅体长约达6厘米时便已性成熟。在自然条件下，4月上旬、水温达18 ℃以上时开始繁殖，5—6月、水温达到25～26 ℃时是产卵盛期，一直延续到9月还可产卵，每次产卵需4～7天。繁殖的水温为18～30 ℃，最适水温为22～28 ℃。

泥鳅怀卵量和泥鳅的体长有关，不同个体的怀卵量相差也是非常大的，少的仅几百粒，多的达几万粒。例如，体长8厘米的雌鳅，怀卵量大约是2000粒；体长12～15厘米，怀卵量为1万～1.5万粒；体长20厘米，怀卵量达2.4万粒以上。

## 第五节　鳝鳅的价值

### 一、黄鳝的价值

1. 营养价值

黄鳝的营养很丰富，根据分析测定，每100克黄鳝肉中，含蛋白质18.8克、脂肪0.9克、磷150毫克、钙38毫克、铁1.6毫克，还有维生素A、维生素$B_2$、维生素$B_1$及多种微量元素；每100克黄鳝肉含热量为347.5千焦（83千卡），黄鳝肉中蛋氨酸含量较多，食用鳝肉可补充谷类氨基酸组成的不足。黄鳝中蛋白质含量，在30多种常见淡水鱼中仅次于鲤鱼和青鱼，钙和铁的含量居第1位，是一种高蛋白、低脂肪、低胆固醇类的营养品。

2. 食用价值

黄鳝除了一根脊梁骨和少量肌间刺外，剩下的几乎都是可以吃的，它供人肉食的部分可达其全身65%以上，而且味道异常鲜美，深受人们的喜爱。长久以来，我国民间就有“六月黄鳝赛人参”的谚语，日本也有夏季三伏天吃烤鳝鱼片的风俗。

3. 保健价值

据美国、日本有关研究机构和我国上海水产大学的有关研究报道，黄鳝肌肉血液内含有丰富的DHA（廿二碳六烯酸）、EPA（廿碳五烯酸）及卵磷脂。这3种物质具有健脑防衰、抑癌、抗癌、抑制心血管病和消炎的特殊功效，多食、常食有利于身体健康。日本学者铃木平光于1991年研究报道，黄鳝富含维生素A，每100克烤鳝鱼片中含有5000国际单位，而相同数量的牛肉仅含40国际单位，同量猪肉仅含17国际单位。由于维生素A可增进视力，因此，不少日本人称黄鳝为“眼药”。

4. 药用价值

据《本草纲目》载：黄鳝性味甘、温，无毒，入肾三经，能补虚损、强筋骨、祛风湿，能治疗痨伤、风湿痹痛、下痢脓血、乳核等症。黄鳝的肉、头、皮、骨、血均可入药。我国民间常用于医治或辅助治疗多种慢性疾病。近年来还有研究报告指出，黄鳝可有效地治疗糖尿病。

5. 出口创汇能力强

由于黄鳝是药食同源的好产品，亦食亦补，有很高的滋补营养价值。国内外对黄鳝的需求量不断上升，其价格也越来越高。在20世纪80年代我国出口黄鳝800吨，到20世纪90年代逐渐上升，最高达2000多吨。近几年供不应求，因货源不足，出口量减少。例如，在日本的市场上，黄鳝的价格比鳗鱼还高。

## 二、泥鳅的价值

1. 食用价值

泥鳅为高蛋白、低脂肪的高品位水产珍品，符合现代营养学要求，味道鲜美又具有滋补作用，肉质清淡、细嫩，营养丰富，被誉为“水中人参”，“泥鳅钻豆腐”更是闻名中外的传统名菜。

2. 营养价值

泥鳅的营养价值很高，含人体所必需的多种营养成分。泥鳅的可食部分占整个鱼体的80%左右，高于一般淡水鱼类。每100克泥鳅肉中含有蛋白质22.6克、脂肪2.31克、碳水化合物2.5克、灰分1.1克、钙51毫克、磷72毫克、铁3.0毫克、硫黄素0.08毫克、核黄素0.16毫克、烟酸5.0毫克，还含维生素A、维生素$B_1$、维生素C等营养成分和较高的不饱和脂肪酸，其中维生素$B_1$的含量比鲫鱼、黄鱼、虾类高，维生素A、维生素C也较其他鱼类高。

3. 药用价值

泥鳅性甘、平，具“补中、止泄”之功效。根《本草纲目》记载：泥鳅有暖中益气之功效，对治疗肝炎、小儿盗汗、痔疮、皮肤瘙痒、跌打损伤、阳痿、乳痈等症状都有一定疗效。经现代医学临床验证，采取泥鳅食疗，既能强身，增加体内营养，又可补中益气，壮阳利尿；对儿童、年老体弱者、孕妇、哺乳期妇女，以及患有肝炎、高血压、冠心病、贫血、溃疡病、结核病、皮肤瘙痒、痔疮下垂、小儿盗汗、水肿、老年性糖尿病等引起的营养不良、病后虚弱、脑神经衰弱和手术后恢复期患者，具有开胃、滋补等功效，尤其在夏季，泥鳅特别肥美，是炎热夏天的良好补品。因此，泥鳅又被誉为“药参”。

4. 出口创汇效益显著

泥鳅是高蛋白、低脂肪的高档保健食品，而且具有较高的药用价值，是我国外贸出口的重要水产品之一。在国际市场上也是畅销紧俏水产品，是我国传统的外贸出口商品，在我国香港、韩国、日本、马来西亚等地销路非常广泛，历来为人们所喜食。

# 第二章　稻田养殖鳝鳅的前景

## 第一节　养殖前需要做好的准备工作

我们都知道，黄鳝、泥鳅养殖属于特种水产品的养殖范畴，它们的投入高、产出大，当然风险也是很大的。因此，我们在养殖前一定要做好前期的准备工作，不打无把握之战。这些准备工作包括：一是做好心理准备；二是做好养殖资金准备；三是做好养殖模式准备；四是做好技术准备；五是做好市场准备；六是做好养殖设施准备；七是做好苗种准备；八是降低稻田养殖鳝鳅成本的措施。

### 一、做好心理准备工作

在决定饲养前一定要做好心理准备，可以先问问自己如下几个问题：决定养了吗？怎么养？采用哪种方式养殖？是稻田直接养殖还是稻田混养？是采用和水稻共作还是和水稻轮作？养殖的风险系数是多大？对养殖的前景和失败的可能性自己有多大的心理承受能力？决定投资多少？是业余养殖还是专业养殖？家里人是支持还是反对？等等。

### 二、做好养殖资金准备工作

黄鳝、泥鳅养殖是一种名优水产品的养殖，成本是比较高的，风险也是比较大的。当然也需要足够的资金作为后盾，因为黄鳝、泥鳅的苗种需要钱，饲料需要钱，一些基础养殖设备需要钱，人员工资需要钱，稻田需要租金，稻田改造及田间沟的开挖和清除敌害等都需要钱。因此，在养殖前必须做好资金的筹措准备。我们建议养殖户在决定养殖前，先去市场多跑跑、多看看，再上网多查查、向周围的人或老师多问问，最后再决定自己投资多少。如果实在不好确定时，也可以自己先尝试着少养一点，主要是熟悉黄鳝、泥鳅的生活习性和养殖技术，等到养殖技术熟练、市场明确时，再扩大生产也不迟。

## 三、做好养殖模式准备工作

养殖模式的选择要根据客观实际情况而定，养殖场所特点及资金设备投入多少等都将影响最后的选择结果。我们在调查研究过程中，发现人们在养殖黄鳝、泥鳅时，主要有如下几种养殖模式。

1. 自己养殖自己销售

这种养殖模式就是养殖户养殖出来的商品鳝鳅，自己拿到菜市场上销售，或者是自己有专门的销售渠道，这样就可以减少中间环节，争取养殖效益的最大化，缺点是可能牵扯了更多的精力和时间。

2. 自己养殖供别人销售

这种养殖模式就是养殖户自己养殖出来的商品鳝鳅是先采用统价的方式卖给小商小贩，再由这些商贩进行筛选后，按规格或不同的市场要求再次出售。采用这种模式养殖时，一定要有可靠的销路保障，由于市场依靠别人，在养殖过程中一是要注意养殖成本的控制，二是要能及时更多地提供优质产品，三是要及时回收资金，以用于再生产。如果一时没有销出去的商品鳝鳅，建议不要积压，可以另寻其他的买家。

3. “公司＋农户”的路子

这种模式就是以一家专门生产黄鳝、泥鳅的养殖公司为基础，这个公司既可以是黄鳝、泥鳅的技术服务单位，也可以是供种单位，还可以是本地从事特种养殖的公司，联系一家一户的农民从事黄鳝、泥鳅的养殖，走“公司+农户”的养殖路子，通过政府搭桥、干部引导和公司上门服务，发展成一支懂养殖技术，防疫、加工、销售专业的队伍，形成了产、供、加、销“一条龙”的新型购销模式。这种模式促进了产业结构，实现农企双盈，同时也充分利用了农村丰富的农产品衍生物，带动了运输业，解决了部分下岗职工和农村剩余劳动力的问题，在促进当地农村经济发展方面起到生力军作用。

“公司+农户”的路子最典型的经营方式是，由农户负责提供养殖场所、负责筹措部分资金、提供劳动力，公司以低于市场的价格来为养殖户提供优质的苗种供应，同时负责指定技术员上门进行技术指导，统一销售，养殖出来的产品最后由公司按当初合同上约定的保底价格回收。

4. 走合作社的路子

针对目前黄鳝、泥鳅养殖大都还处于零星散养的模式，在传统的散户养殖经营中，规模性小、信息流通差、产品质量低，往往会发生养殖户增产不增收的矛盾。如何解决农民一家一户难以解决的问题，提升黄鳝、泥鳅的市场竞争力，为养殖户增收提供可靠保障呢？新形势下的新问题要有新思维、新办法，可以考虑创办黄鳝、泥鳅养殖专业合作社的路子，依靠科技促进经济社会协调发展，充分发挥黄鳝、泥鳅养殖专业合作社技术人员的优势和特点，以科技示范户为基础，加强对市场的分析预测，提高信息的准确性，为定位、定向、定量组织黄鳝、泥鳅的养殖和销售提供决策依据，形成了一个技术、产、供、销网络，为养殖户增收致富走出了一条新路子。

作为合作社，就要有相应的规章制度，就要实行黄鳝、泥鳅养殖的科学管理，采取“七统一”的管理制度，即统一供种、统一技术、统一管理、统一用药、统一质量、统一收购、统一价格。购买苗种时，由合作社统一联系，邀请有资质有技术保障的公司送种到家，负责技术指导。同时利用远程教育、广播、会议培训、发放技术资料等形式传授养殖技术。这种“七统一”的管理制度，不仅可以扩大当地黄鳝、泥鳅的养殖规模，依靠规模效应，增加了他们在市场上的话语权，而且还避免了养殖户之间的无序相互竞争压价。

## 四、做好技术准备工作

黄鳝、泥鳅养殖的方法很多，但由于它们的放养密度大，对饵料和空间的要求也大，如果黄鳝、泥鳅养殖时的喂养、防病治病等技术不过关，会导致养殖失败。因此，在实施养殖之前，要做好技术储备，要多看书、多查资料、多上网、多学习、多向行家和资深养殖户请教一些关键问题，把养殖中的关键技术都了解清楚了，才能养殖。也可以少量试养，待充分掌握技术之后，再大规模养殖。

有许多朋友在初步了解黄鳝、泥鳅后，认为我们身边的塘塘坝坝、沟沟坎坎里只要有水，就可能有黄鳝、泥鳅存在。因此，认为黄鳝、泥鳅肯定好养，这有什么技术可言呢？不就是把稻田用防逃设施围好，然后开好田间沟，再弄点水草、投点饲料不就行了吗？如果是这样的准备工作，那我劝你还是甭养了，免得以后后悔。也许在房前屋后的小块稻田里小打小闹地养着玩，这点技术可能够用了，但是如果想把稻田养殖黄鳝、泥鳅的产业做大做强，最大限度地提高黄鳝、泥鳅的产量和质量，同时将养殖成本降到最低，并实行可持续化发展，那也不是个容易的事情。随着黄鳝、泥鳅产业化市场的不断变化、养殖技术和养殖模式的不断发展、科学发展的不断进步，我们在养殖黄鳝、泥鳅时可能会遇到新的问题、新的挑战，这就需要不断地学习、不断地引进新的养殖知识和技术，而且能善于在现有的技术基础上不断地改革和创新，再付诸实践，总结提升成为适合自己的养殖方法。

## 五、做好市场准备工作

这个准备工作尤其重要，我们每个从事黄鳝、泥鳅养殖的人都很关心，黄鳝、泥鳅的市场究竟怎么样、前景如何？也就是说在养殖前就要知道养殖好的黄鳝、泥鳅怎么处理？是采用与供种单位合作经营也就是保底价回收还是自己生产出来自己到菜市场上出售？是在国内销售还是出口？主要是为了供应黄鳝、泥鳅的苗种还是为了供应商品鳝鳅？如果一时卖不了或者是价钱不满意，那该怎么办？这些情况在养殖前也是必须要准备好的。如果没有预案，万一出现意想不到的情况时，养殖的那么多的黄鳝、泥鳅怎么处理，也是一个严峻的问题。

针对以上的市场问题，我们认为养殖者一定要做到眼见为实、耳听为虚，以自己看到的再来进行准确的判断，不要过分相信别人怎么说，更不要相信那些诱人的小广告。现在是市场经济时代，也是信息快速传播的时代，市场动态要靠自己去了解、去掌握、去分析，做到去伪存真，突破表面现象去看真实问题。

## 六、做好养殖设施准备工作

黄鳝、泥鳅养殖前就要做好设施准备，这些准备工作主要包括适宜进行养殖鳝鳅的稻田和饲料。其他的准备工作还包括专用繁育池的准备、网具的准备、药品的准备、投饵机的准备和增氧设备的准备等。

选取适合黄鳝、泥鳅养殖的稻田，首先是水源和水质一定要有保障，另外电路和通信也要有保障。“兵马未动，粮草先行”，说明饲料对黄鳝、泥鳅养殖的重要性，在养殖前就要准备好充足的饲料。生产实践已经证明，如果准备的饲料质量好、数量足，养殖的产量就高、质量就好，当然效益也比较好，反之亦然。总之，要以最少的代价获得最大的报酬，这也是任何养殖业的经营基础。

## 七、做好苗种准备工作

由于养殖黄鳝、泥鳅的利润丰厚，一些所谓的技术公司和专家就忽悠养殖户，用一些养殖效益不好的或者是野生的苗种来冒充是优质的或是提纯的良种，结果导致养殖户损失惨重。最明显的例子就是这几年大做广告的“特大黄鳝”“黄金鳝”“泰国大黄鳝”等，以及近年来比较热的“台湾泥鳅”。因此，在养殖前一定要做好苗种准备。我们建议初养的养殖户可以采取步步为营的方式，用自培自育的苗种来养殖，慢慢地扩大养殖面积，这样效果最好，可以有效地减少损失。

## 八、降低稻田养殖鳝鳅成本的措施

在稻田里养殖黄鳝、泥鳅的目的是要赚钱，这是所有种植户和养殖户的共同心声，除了养出个体大、体色艳丽、产量高的黄鳝、泥鳅外，科学管理，适当降低黄鳝、泥鳅的饲养成本也是广大养殖户的共同心愿。如何做到有效地降低黄鳝、泥鳅养殖成本，可以使用的措施包括如下几点。

①因地制宜，根据各地的具体气候和水域条件，充分利用现有的适合养殖黄鳝、泥鳅的稻田，减少田间工程量，节省建设投入。

②充分发挥肥料的作用，积极培肥水质，为黄鳝、泥鳅尤其是幼苗提供天然饵料。但是要控制肥料施用的质量和次数，确保水质适度，饵料丰富，不宜过肥，否则容易造成黄鳝、泥鳅缺氧，从而影响它们的生长发育。

③合理饲喂，提高饲料利用率，积极发挥地方的天然饵料资源。刚下田时应及时给黄鳝、泥鳅的幼苗投喂适合的饲料，如轮

虫、小型浮游植物、熟蛋黄等。当幼小的黄鳝、泥鳅能自己摄食水中微生物和动植物碎屑时，可将米糠、麸皮等植物粗粮与螺蚌、蚯蚓、黄粉虫等动物性饲料拌和投喂。可利用房前屋后大力培育蚯蚓、水蚤等活饵料。

④做好黄鳝、泥鳅病害的防治工作，尤其要注意预防黄鳝、泥鳅的疾病，一方面可以促使黄鳝、泥鳅健康成长，另一方面做好了疾病的预防工作，可以有效地减少疾病带来的损失，养殖户要牢记一个观念，即"没有伤亡就是最高的产量"，只有成活率提高了，产量才能得以保证。

## 第二节　稻田养殖鳝鳅的基础知识

### 一、稻田养殖鳝鳅的基础

黄鳝、泥鳅是一种高蛋白、低脂肪、营养丰富的食品，它们的肉质细嫩、味道鲜美，素有"水中人参""天上斑鸠，水中泥鳅""六月黄鳝赛人参"等美誉，适宜各类人群食用。近年来，随着人们生活水平的提高，对黄鳝、泥鳅的需求量越来越大，加上农药的大量使用及捕捞强度增大等原因而导致自然界的野生资源越来越少，虽然人工养殖起到了一定的补充作用，但是总的趋势是产量在不断地下降，因此，黄鳝、泥鳅的售价越来越高。另外，特种水产的兴起也导致大量捕捉小泥鳅作为饲料，例如，饲养名贵观赏鱼——金龙鱼和红龙鱼时，玩家就喜欢用小泥鳅来饲喂他们的爱鱼。总的来说，无论是国内市场，还是国外市场，黄鳝、泥鳅都供不应求，所以只要操作得当、技术到位，利用稻田养殖黄鳝、泥鳅还是有利可图的。

黄鳝、泥鳅的生长与饵料、饲养密度、水温、性别和发育时期有着非常大的关系，尤其是与饵料的适口与丰歉关系极大。例如，在人工饲养泥鳅条件下，刚孵出的泥鳅苗经20天左右的培育便可达到3厘米，1龄时可长成80～100尾/千克的商品泥鳅。因此，每尾体重10克以上的商品泥鳅，在稻田的生态环境下，一般养殖期为1年左右，与水稻一年生长一季正好匹配，这也是泥鳅与水稻进行连作的理论基础之一。黄鳝适合在稻田里养殖也是基于这一原理。

## 二、稻田养殖鳝鳅的原理

在稻田里养殖黄鳝、泥鳅，是指在水稻田里通过一定的田间工程的改造，合理套养一定数量的黄鳝、泥鳅，利用稻田的浅水环境，发挥鳝鳅的松土、供肥、除草等功效，辅以人为措施，实行水稻和鳝鳅共生，既种稻又养黄鳝、泥鳅，以取得生态环保、高产高效的目的，同时又能提高稻田单位面积效益的一种生产模式。这种模式实现了“田面种稻，水体养鳝鳅，鳝鳅粪便肥田，水稻鳝鳅共生”的效果，是一种把种植业和水产养殖业有机结合起来的立体生态农业的生产方式。

稻田养殖鳝鳅共生原理的内涵就是以废补缺、互利共生、化害为利，在稻田养殖鳝鳅的实践中，人们称为“稻田养鳝鳅，鳝鳅养水稻”。稻田是一个人为控制的生态系统，稻田养殖黄鳝、泥鳅，促进了稻田生态系统中能量和物质的良性循环，使其生态系统又有了新的变化。稻田中的杂草、虫子、底栖生物和浮游生物对水稻来说不但是废物，而且都是争肥的，如果在稻田里放养鱼、虾、蟹、鳝、鳅，特别是像黄鳝、泥鳅这一类杂食性的鱼类，不仅可以利用这些生物作为饵料，促进黄鳝、泥鳅的生长，消除了水稻的争肥对象，而且黄鳝、泥鳅的粪便还为水稻提供了优质肥料。另外，黄鳝、泥鳅在田间栖息，游动觅食，疏松了土壤，破碎了土表“着生藻类”和氮化层的封固，有效地改善了土壤通气条件，又加速了肥料的分解，促进了稻谷生长，从而达到黄鳝、泥鳅和水稻双丰收的目的。同时黄鳝、泥鳅在水稻田中还有除草保肥和灭虫增肥作用（图2.1）。

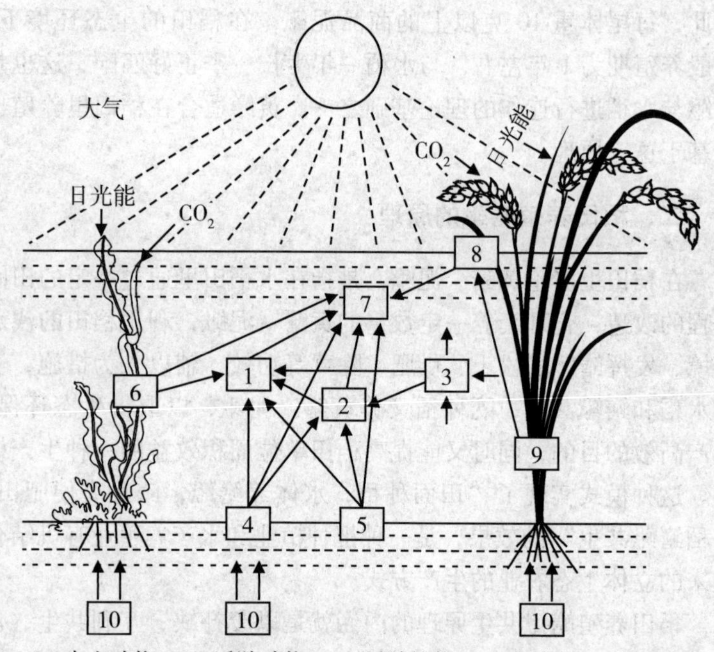


1—水生动物；2—浮游动物；3—浮游植物；4—细菌；5—有机碎屑；6—水草；7—鳝鳅；8—害虫；9—水稻；10—营养

**图2.1　鳝鳅稻田养殖时各生物间的物质循环**

稻田是一个综合生态体系，在水稻种植过程中，人们要对稻田进行施肥、灌水等生产管理，但是稻田的许多营养却被与水稻共生的动、植物等所猎取，造成水肥的浪费；在稻田生态体系中，我们放进黄鳝、泥鳅后，整个体系就发生了变化，因为黄鳝、泥鳅几乎可以吃掉稻田中消耗养分的所有生物群落，起到生态体系的“截流”作用。这样便减少了稻田肥分的损失和敌害的侵蚀，既促进水稻生长，又将废物转换成有经济价值的商品黄鳝与泥鳅。稻田养殖黄鳝、泥鳅，是综合利用水稻、黄鳝和泥鳅的生态特点达到水稻和黄鳝、泥鳅共生与相互利用，从而实现水稻和黄鳝、泥鳅双丰收目的的一种高效立体生态农业，是动植物生产有机结合的典范，是农村种、养殖立体开发的有效途径，其经济效益是单作水稻的1.5~3倍。

## 三、稻田养殖鳝鳅的优点

稻田养殖黄鳝、泥鳅具有很大的优势，利用稻田养殖黄鳝、泥鳅，既节约水面，又能获得粮食，具有成本低、管理容易的优点；既增产稻谷，又增产黄鳝、泥鳅，是农民致富的措施之一。

第一是适应黄鳝、泥鳅的生存环境。一方面黄鳝、泥鳅是温水性鱼类，而稻田里的表层温度非常适宜黄鳝、泥鳅的生长；另一方面黄鳝、泥鳅喜栖息于底层腐裂土质的淤泥表层，同时它们也是杂食性鱼类，喜欢夜间在浅水处觅食，而稻田的水位较浅，底质肥沃，正好满足了它们的这个要求。

第二是在不破坏稻田原生态系统及不增加使用水资源的情况下，可以做到一水两用、一地双收的效果，直接提高经济效益。

第三是生态效应更为突出，稻田为黄鳝、泥鳅的摄食、栖息等提供了良好的生态环境，黄鳝、泥鳅在稻田中生活，可直接吃掉稻田中的多种生物饵料，包括蚯蚓、水蚯蚓、摇蚊幼虫、枝角类、紫背浮萍、田间杂草及部分稻田害虫，甚至不投饵饲料，也能获得较好的经济效益，起到生物防治虫害的部分功能，既节省农药，又减少了粮食污染。

第四是实现了种养结合，提高了农田利用率。稻田养殖黄鳝、泥鳅是利用稻田实现种植与养殖相结合的一种新的养殖模式，稻田养殖黄鳝、泥鳅，可以充分利用稻田的空间、温度、水源及饵料优势，促进水稻和鳝鳅共生互利、丰稻增鳝鳅，大大提高稻田综合经济效益的一条好路子。另外，黄鳝、泥鳅具

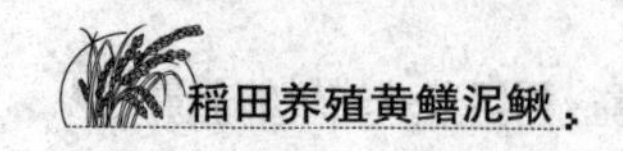


有在水底泥中寻找底栖生物的习性，其觅食过程可起到松土作用，从而促进水稻根部微生物活动，使水稻分枝根加速形成，壮根促长。

第五是降本增效明显。一方面利用稻田养殖黄鳝、泥鳅，不用另开鱼池，节地节水，是保护环境、发展经济的可选方式之一；另一方面水稻能吸取黄鳝、泥鳅的排泄物补充所需肥料，起到追肥作用，有利于生长，可以减少农户对稻田的农药、肥料的投入，降低成本。

第六是黄鳝、泥鳅在稻田浅水中上下游动，能促进水层对流与物质交换，特别是能增加底层水的溶解氧。

第七是黄鳝、泥鳅新陈代谢所产生的二氧化碳，是水稻进行光合作用不可缺少的营养物，是有效的生态合理循环。

## 四、稻田养殖鳝鳅的特点

### 1. 立体种养殖的模范

在同一块稻田中既能种稻也能养殖鳝鳅，把植物和动物、种植业和养殖业有机结合起来，更好地保持农田生态系统物质和能量的良性循环，实现水稻和黄鳝、泥鳅的双丰收。黄鳝、泥鳅的粪便，可以使土壤增肥、减少化肥的施用。根据研究和试验，免耕稻田养殖黄鳝、泥鳅技术基本不用药，每亩化肥施用量仅为正常种植水稻的1/5左右。

### 2. 环境特殊

稻田属于浅水环境，浅水期仅7厘米水，深水时也不过20厘米左右，因而水温变化较大，因此为了保持水温的相对稳定，鱼沟、鱼溜等田间设施是必须要做的工程之一，通过加高加固田埂，开挖沟凼，大大增加了稻田的蓄水能力，有利于防洪抗旱。稻田的一个特点就是水中溶解氧充足，经常保持在4.5～5.5毫克/升，且水经常流动交换，放养密度又低，所以黄鳝、泥鳅的疾病较少。

3. 养殖新思路

稻田养殖黄鳝、泥鳅的模式为淡水养殖增加了新的水域，它们不需要占用现有养殖水面就可以充分利用稻田的空间和时间来达到增产增效的目的，开辟了养殖黄鳝、泥鳅的新途径和新的养殖水域。

4. 保护生态环境，有利于改良农村环境卫生

稻田是蚊子、钉螺等有害生物的滋生地，在稻田养殖黄鳝、泥鳅的生产实践中发现，黄鳝和泥鳅喜食并消灭绝大部分的蚊子幼虫等有害浮游生物和水稻害虫，从而减少了疟疾、血吸虫病等重大传染病的发生；由于黄鳝、泥鳅的活动，基本上能控制田间杂草的生长，可以不使用化学除草剂；利用稻田养殖黄鳝、泥鳅后，由于黄鳝、泥鳅能捕食稻田里的害虫作为饵料，因此基本上不用或少用农药，而且使用的农药也是低毒的，否则黄鳝、泥鳅自身也无法生活，大大降低了农业的面源污染。养殖生产的实践也表明，稻田里及附近的摇蚊幼虫密度明显地降低，最多可下降50%左右，成蚊密度也会下降15%左右，有利于提高人们的健康水平。另外，研究表明，在稻田里养殖黄鳝、泥鳅，还有减少甲烷等温室气体排放的作用。因此，科学实施稻田养殖黄鳝、泥鳅，对改善农业生态环境、促进减排等有重要作用。

5. 增加收入

经过全国多个地方尤其是安徽省稻田养殖黄鳝、泥鳅的实验结果，再经过全国各地大面积的示范推广表明，利用稻田养殖黄鳝、泥鳅后，改善了稻田的生态条件，促进了水稻有效穗和结实率的提高，水稻的平均产量不但没有下降，还会提高10%~20%，同时每亩[①]地还能收获相当数量的黄鳝、泥鳅，相对降低了农

---

① 1亩≈666.67平方米。

业成本，增加了农民的实际收入，平均亩增纯利润达 1500 元以上。

## 五、养殖鳝鳅稻田的生态条件

养殖黄鳝、泥鳅的稻田为了夺取高产，获得水稻和黄鳝、泥鳅的双丰收，需要一定的生态条件做保证，根据稻田养殖黄鳝、泥鳅的原理，我们认为养鱼的稻田应具备如下几条生态条件。

1. 水温要适宜

稻田水浅，一般水温受气温影响甚大，有昼夜和季节变化，因此，稻田里的水温比池塘的水温更易受环境的影响。黄鳝、泥鳅都是变温动物，它们的新陈代谢强度直接受到水温的影响，所以稻田水温将直接影响稻禾的生长和黄鳝、泥鳅的生长。为了获取水稻和黄鳝、泥鳅的双丰收，必须为它们提供合适的水温条件。

2. 光照要充足

光照不但是水稻和稻田中一些植物进行光合作用的能量来源，也是黄鳝、泥鳅生长发育所必需的，因此，可以这样说，光照条件直接影响稻谷产量和黄鳝、泥鳅的产量。每年的 6—7 月，秧苗很小，阳光可直接照射到田面上，促使了稻田水温升高，浮游生物迅速繁殖，为黄鳝和泥鳅的生长提供了饵料。水稻生长至中后期时，也是温度最高的季节，此时稻禾茂密，正好可以用来为黄鳝和泥鳅提供遮阴、躲藏的地方，是有利于黄鳝、泥鳅的生长发育的。

3. 水源要充足

水稻在生长期间是离不开水的，而黄鳝、泥鳅的生长更是离不开水。为了保持新鲜的水质，水源的供应一定要及时充足，一是将养殖黄鳝、泥鳅的稻田选择在不能断流的小河小溪旁；二是可以在稻田旁边人工挖掘机井，可随时充水；三是将稻田选择在池塘边，利用池塘水来保证水源。如果水源不充足或得不到保障，那是万万不可殖养黄鳝、泥鳅的。

4. 溶解氧要充足

稻田水中溶解氧的来源主要是大气中的氧气溶入和水稻及一些浮游植物的光合作用，因而氧气是非常充分的。科研表明，水体中的溶氧越高，黄鳝、泥鳅摄食量就越多，生长也越快。因此，长时间地维持养殖黄鳝、泥鳅的稻田水体中有较高的溶氧量，可以增加黄鳝、泥鳅的产量。

要使养殖黄鳝、泥鳅的稻田能长时间保持较高的溶氧量，一是适当加大养殖水体，主要技术措施是通过挖鱼沟、鱼溜和环沟来实现；二是尽可能地创造条件，保持微流水环境；三是经常换冲水；四是及时清除田中黄鳝、泥鳅未吃完的剩饵和其他生物尸体等有机物质，减少它们因腐败而导致水质的恶化。

5. 天然饵料要丰富

一般稻田由于水浅、温度高、光照充足、溶氧量高，适宜水生植物生长，植物的有机碎屑又为底栖生物、水生昆虫和昆虫幼虫的繁殖生长创造了条件，从而为稻田中的黄鳝、泥鳅提供了较为丰富的天然饵料，有利于黄鳝、泥鳅的生长。

## 六、稻田养殖鳝鳅的模式

根据生产的需要和各地的经验，稻田养殖黄鳝、泥鳅的模式可以归类为如下 3 种类型。

①水稻和鳝鳅兼作型。也就是我们通常所说的水稻和鳝鳅同养型，即边种稻边养黄鳝、泥鳅，做到水稻和鳝鳅两不误，力争双丰收，水稻田翻耕、晒田后，在鱼溜底部铺上有机肥做基肥，主要用来培养生物饵料供黄鳝、泥鳅摄食，然后整田。黄鳝、泥鳅的种苗一般在插完稻秧后放养，单季稻田最好在第 1 次除草以后放养，双季稻田最好在第 2 季稻秧插完后放养。

单季稻养殖黄鳝、泥鳅，顾名思义就是在一季稻田中养殖黄鳝、泥鳅。单季稻主要是中稻田，也有用早稻田养殖黄鳝、泥鳅的。双季稻养殖黄鳝、泥鳅，顾名思义就是在同一稻田连种两季水稻，黄鳝、泥鳅也在这两季稻田中连养，不需转养。双季稻就是用早稻和晚稻连种，这样可以有效利用一早一晚的光合作用，促进稻谷成熟。

无论是一季稻还是两季稻，它们有一点是相同的，就是稻子收割后稻草最好还田，一方面可以为黄鳝、泥鳅提供隐蔽的场所，另一方面稻草本身可以作为黄鳝、泥鳅的饵料，在腐烂的过程中还可以培育出大量的天然饵料。这种模式是利用稻田的浅水环境，同时种稻和养殖黄鳝、泥鳅，不给黄鳝、泥鳅投喂过多的饲料，主要是让黄鳝、泥鳅摄食稻田中的天然食物，它们不但不影响水稻的产量，而且每亩可增产250千克左右的黄鳝、泥鳅。

②水稻和鳝鳅轮作型。也就是先种一季水稻后，待水稻收割后晒田4~5天，施好有机肥培肥水质后，再曝晒4~5天，蓄水到40厘米深，然后投放黄鳝、泥鳅种苗，轮养下一茬的黄鳝、泥鳅，待黄鳝、泥鳅养成捕捞后，再开始下一个水稻生产周期。就这样做到动植物双方轮流种养殖，它的优点是利用本地光照时间长的优点，当早稻收割后，可以加深水位，人为形成一个个深浅适宜的“稻田型池塘”，有利于保持稻田养殖黄鳝、泥鳅的生态环境。另外，稻子收割后稻草最好还田，稻草本身可以作为黄鳝、泥鳅的饵料，加上它在稻田慢慢腐败后可以培养大量的浮游生物，确保黄鳝、泥鳅有更充足的养料，当然稻草还可以为黄鳝、泥鳅提供隐蔽的场所。

③水稻和鳝鳅间作型。这种方式较少利用，就是利用稻田栽秧前的间隙培育黄鳝、泥鳅，然后将黄鳝、泥鳅起捕出售，稻田单独用来栽晚稻或中稻，这种情况主要是用来暂养黄鳝、泥鳅或囤养黄鳝、泥鳅。

## 七、影响稻田养殖鳝鳅效益的因素

影响稻田养殖黄鳝、泥鳅产量和效益的因素主要有如下几种，养殖户在养殖时一定要注意，力求避免这些不利影响。

①黄鳝、泥鳅苗种的质量影响效益。质量差的黄鳝、泥鳅苗种，一般都不外乎以下几种情况：亲鱼培育得不好或近亲繁殖的黄鳝苗、泥鳅苗；黄鳝和泥鳅苗种繁殖场的孵化条件差、孵化用具不洁净，产出的黄鳝苗、泥鳅苗带有较多病原体（如病菌、寄生虫等）或受到重金属污染；高温季节繁殖的鱼苗；黄鳝苗、泥鳅苗捕捞时太嫩；经过几次“包装、发运、放田”折腾的黄鳝苗、泥鳅苗。因此，我们在进行黄鳝、泥鳅繁殖或黄鳝苗种、泥鳅苗种时要注意，尽可能避开这些风险。

②养殖黄鳝、泥鳅的稻田条件不好，具体表现为单块稻田的面积太大且中间没有开挖田间沟；或稻田不平整，呈现出一边田头沟里的水体过深而另一边田头沟却没有水；或因长年用于稻田种植却没有对田埂进行维修或田间沟里的淤泥深厚等，导致稻田漏水、缺肥，黄鳝、泥鳅的生长不好，发育不良。

③养殖黄鳝、泥鳅的稻田中的残留毒性大，对黄鳝、泥鳅的身体造成损伤，甚至导致黄鳝、泥鳅大面积死亡。稻田里毒性存在的原因是消毒时的药力尚未完全消失就放入苗种；施用了过量的没有腐熟或腐熟不彻底的有机肥做基肥；也可能是添加了其他用过农药的农田里的水源。长期在这种水体中生活的黄鳝、泥鳅也会中毒。

④养殖黄鳝、泥鳅的稻田中敌害生物太多，而造成小黄鳝和小泥鳅被大量捕食，导致黄鳝、泥鳅的成活率极低，当然产量也就极低。敌害生物太多也是有原因的，例如，稻田的田间沟没有清塘，或清塘不彻底，或用的是已经失效的药物，或在注水混进了野杂鱼的卵、苗、蛙卵等敌害生物。

## 八、稻田养殖鳝鳅的重点工作

要想在稻田中养殖黄鳝、泥鳅并取得高产高效，必须做好6个方面的工作，具体的工作如图2.2所示。

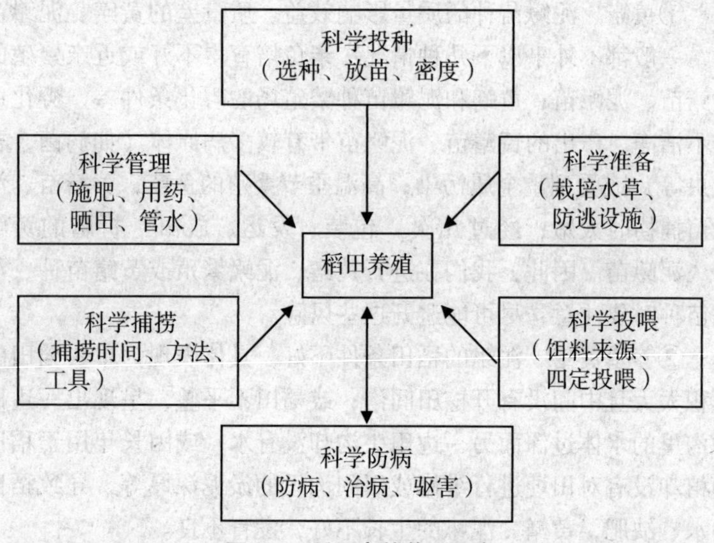


**图2.2　稻田高效养殖示意**

# 第三章　养殖鳝鳅稻田的处理

## 第一节　科学选址

良好的稻田条件是获得高产、优质、高效的关键之一。稻田是黄鳝、泥鳅的生活场所，是它们栖息、生长、繁殖的环境，许多增产措施都是通过稻田水环境作用于黄鳝、泥鳅，故稻田环境条件的优劣，对黄鳝、泥鳅的生存、生长和发育，有着密切的关系。良好的环境不仅直接关系到黄鳝、泥鳅产量的高低，更关系到生产者较高的经济效益的获得，同时对长久的发展有着深远的影响。

总的来说，养殖黄鳝、泥鳅的稻田在选择地址时，既不能受到污染，又不能污染环境，还要方便生产经营、交通便利且具备良好的疾病防治条件。在场址的选择上重点要考虑以下几个要点，包括稻田位置、面积、地势、土质、水源、水深、防疫、交通、电源、稻田形状、周围环境、排污与环保等诸多方面，需周密计划，事先勘察，才能选好场址。在可能的条件下，应采取措施，改造稻田，创造适宜的环境条件以提高稻田黄鳝、泥鳅的养殖产量和养殖效益。

### 一、稻田的自然条件

养殖黄鳝、泥鳅的稻田要有一定的环境条件才行，不是所有的稻田都能用来养殖黄鳝、泥鳅的，因此，在规划设计时，要充分勘查了解规划建设区的地形、水利等条件，有条件的地区可以充分考虑利用地势自流进排水，以节约动力提水所增加的电力成本。同时还应考虑洪涝、台风等灾害因素的影响，对连片稻田的进排水渠道、田埂、房屋等建筑物时应注意考虑排涝、防风等问题。

## 二、水源要求

水源是黄鳝、泥鳅养殖的先决条件之一，黄鳝、泥鳅适应性强，无污染的江、河、湖、库、井水及自来水均可用来养殖黄鳝、泥鳅。在选择水源的时候，首先供水量一定要充足，不能缺水，包括黄鳝和泥鳅养殖的用水、水稻生长的用水及工人生活用水，在水源保证上要做到确保雨季水多不漫田、旱季水少不干涸、排灌方便、无有毒污水和低温冷浸水流入；其次是水源不能有污染，水质良好，清新无污染，要符合饮用水标准。在养殖之前，一定要先观察养殖场周边的环境，不要建在化工厂附近，也不要建在有工业污水注入区的附近。

水源分为地面水源和地下水源，无论是采用哪种水源，一般应选择在水量丰足、水质良好的水稻生产区进行养殖。如果采用河水或水库水等地表水作为养殖水源，要考虑设置防止野生鱼类进入的设施，以及周边水环境污染可能带来的影响，还要考虑水的质量，一般要经严格消毒以后才能使用。如果没有自来水水源，则应考虑打深井等地下水作为水源，因为在 8～10 米的深处，细菌和有机物相对减少。要考虑供水量是否满足养殖需求，一般要求在 10 天左右能够把稻田注满且能循环用水一遍。因此，要求农田水利工程设施要配套，有一定的灌排条件。

根据黄鳝、泥鳅的生态习性，养殖用水溶解氧可在 3 毫克/升以上，pH 在 6～8，透明度在 15 厘米左右。

## 三、土质要求

稻田的土壤与水直接接触，对水质的影响很大。在养殖前，要充分调查了解当地的地质、土壤、土质状况，要求一是场地土壤以往未被传染病或寄生虫病原体污染过，二是具有较好的保水、保肥、保温能力，还要有利于浮游生物的培育和增殖，不同的土壤和土质对黄鳝、泥鳅养殖的建设成本和养殖效果影响很大。

根据生产的经验，饲养黄鳝、泥鳅的稻田土质要肥沃，有腐殖质丰富的淤泥层，以弱碱性、高度熟化的壤土最好，黏土次之，沙土最劣。由于黏性土壤的保持力强，保水力也强，渗漏力小，渗漏速度慢，干涸后不板结，因此，这种稻田是适合养殖黄鳝、泥鳅的。而矿质土壤、盐碱土，以及渗水漏水、土质瘠薄的稻田均不宜养殖黄鳝和泥鳅。沙质土或含腐殖质较多的土壤，保水力差，在进行田间工程尤其是做田埂时容易渗漏、崩塌，不宜选用。含铁质过多的赤褐色土壤，浸水后会不断释放出赤色浸出物，这是土壤释放出的铁和铝，而铁和铝会将磷酸和其他藻类必需的营养盐结合起来，使藻类无法利用，也使施肥无效，水肥不起来，对黄鳝和泥鳅生长不利，也不适宜选用。如果表土性状良好，而底土呈酸性，在挖土时，则尽量不要触动底土。底质的pH也是考虑的一个重要因素，pH低于5或高于9.5的土壤地区不适宜养殖黄鳝、泥鳅。

土质对饲养黄鳝、泥鳅效果影响很大，生产实践表明，在黏质土中生长的黄鳝和泥鳅，身体黄色、脂肪较多、骨骼软嫩、味道鲜美；在沙质土中生长的黄鳝和泥鳅，身体乌黑、脂肪略少、骨骼较硬、味道也差。因此，养殖黄鳝和泥鳅的稻田的土质以黏土质为好，呈中性或弱酸性。如果确实需要在沙质土质的稻田里养殖黄鳝、泥鳅，我们可在放养前大量投放粪肥改善底质来制造它们良好的生长环境。

## 四、面积和田块的要求

选作用来养殖黄鳝和泥鳅的稻田面积不宜过大，一般3～5亩为宜，最大的不宜超过 15 亩，通常选择低洼田、塘田、岔沟田为宜。另外，还要求田面平整，稻田周围没有高大树木，桥涵闸站配套，通水、通电、通路。

### 五、稻田合理布局

根据养殖稻田面积的大小进行合理布局，养殖面积略小的稻田，只需在稻田四周开挖环形沟就可以了，水草要参差不齐、错落有致，以沉水植物为主，兼顾漂浮植物。养殖面积较大的田块，要设立不同的功能区，通常在稻田 4 个角落设立漂浮植物暂养区，环形沟部分种植沉水植物和部分挺水植物，田间沟部分则全部种植沉水植物。

### 六、交通运输条件

交通便利主要是考虑运输的方便，如饲料的运输、养殖设备材料的运输、鳝种和鳅种及商品鳝鳅的运输等。如果养殖黄鳝、泥鳅的稻田的位置太偏僻，交通不便，不仅不利于养殖户自己的运输，还会影响客户的来往。另外，养殖黄鳝、泥鳅的稻田最好是靠近饲料的来源地区，尤其是天然动物性饲料来源地也一定要优先考虑。

## 第二节　田间工程建设

### 一、开挖田间沟

开挖田间沟，是科学养殖黄鳝、泥鳅的重要技术措施，稻田因水位较浅，夏季高温对黄鳝、泥鳅的影响较大，因此，必须在稻田四周开挖环形沟。在保证水稻不减产的前提下，应尽可能地扩大鱼沟和鱼溜的面积，最大限度地满足黄鳝、泥鳅的生长需求。鱼沟的位置、形状、数量、大小应根据稻田的自然地形和稻田面积的大小来确定。一般来说，面积比较小的稻田，只需在田头四周开挖一条鱼沟即可；面积比较大的稻田，可每间隔 50 米左右在稻田中央多开挖几条鱼沟，当然周边沟较宽些，田中沟可以窄些（图 3.1）。

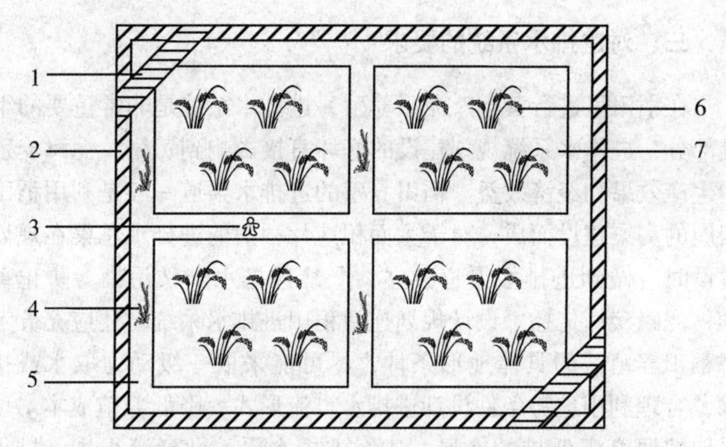


1—田块对角的漂浮植物；2—田埂及防逃设施；3—田间沟；4—沟内的水草；5—环形沟；6—水稻；7—田块

**图 3.1 稻田养殖的田间工程**

稻田养殖黄鳝、泥鳅时，需要在稻田里挖掘一些田间沟。根据生产实践，目前使用比较广泛的田沟有 4 种：沟溜式、田塘式、垄稻沟鱼式和流水沟式。

## 二、加高加固田埂

为了保证养殖黄鳝、泥鳅的稻田达到一定的水位，防止田埂渗漏，增加黄鳝、泥鳅活动的立体空间，有利于黄鳝、泥鳅的养殖，提高它们的产量，就必须加高、加宽、加固田埂。要求田埂比较厚实，一般比稻田平面高出0.5～1米，埂面宽2米左右，并敲打结实，堵塞漏洞，要求做到不裂、不漏、不垮，在满水时不能崩塌，以防黄鳝、泥鳅逃跑，同时还可提高蓄水能力。如果条件允许，可以在防逃网的内侧种植一些黑麦草、南瓜、黄豆等植物，既可以为周边沟遮阳，又可以利用其根系达到护坡的目的。

## 三、对进排水系统的要求

在稻田里进行黄鳝、泥鳅养殖，进排水系统是非常重要的组成部分，进排水系统规划建设的好坏直接影响到黄鳝、泥鳅养殖的生产效果和经济效益。稻田养殖的进排水渠道一般是利用稻田四周的沟渠建设而成，对于大面积连片稻田的进排水总渠在规划建设时应做到进排水渠道独立，严禁进排水交叉污染，防止黄鳝、泥鳅疾病传播。设计规划连片稻田进排水系统时还应充分考虑稻田养殖区的具体地形条件，尽可能采取一级动力取水或排水，合理利用地势条件设计进排水自流形式，降低养殖成本。可采取按照高灌低排的格局，建好进排水渠，做到灌得进、排得出，定期对进、排水总渠进行整修消毒。稻田的进排水口应用双层密网防逃，同时也能有效地防止蛙卵、野杂鱼卵及幼体进入稻田危害黄鳝和泥鳅的幼苗；为了防止夏天雨季冲毁田埂，可以开设一个溢水口，溢水口也用双层密网过滤，防止黄鳝和泥鳅趁机顶水逃走。

## 四、做好防逃措施

黄鳝、泥鳅都善于逃跑，尤其是在阴雨天气更易逃跑，因此，防逃设施一定要做好。

①搞好进排水系统，稻田的进排水口尽可能设在相对应的田埂两端，便于水流均匀畅通地流经整块稻田，在进排水口处安装

坚固的拦鱼设施，拦鱼设施可用铁丝网、竹条、柳条等材料制成。拦鱼栅应安装成圆弧形，凸面正对水流方向，即进水口弧形凸面面向稻田外部，排水口则相反。拦鱼栅孔大小以不阻水、不逃鱼为度并用密眼铁丝网罩好，以防黄鳝和泥鳅逃跑。由于网眼细密，水中的微生物容易滋生而堵塞网眼，因此，需经常检查并清洗网布。

②稻田四周最好构筑 50 厘米左右的防逃设施，可以考虑用水泥板（70 厘米 ×40 厘米）衔接围砌，水泥板与地面成 90°角，下部插入泥土 20 厘米左右，露出田泥 30 厘米左右，各水泥板相连处用水泥勾缝。如果是粗养，只需加高加宽田埂注意防逃即可。

③建造简易的防逃设施，将稻田田埂加宽至 1 米，高出水面 0. 5 米以上，可用农膜或塑料布或油毡纸铺垫并插入泥中 20 厘米围护田埂，每隔 100 厘米处用一木桩固定，以防漏洞、裂缝、漏水、塌陷而使黄鳝、泥鳅逃走，这种设施造价低，防逃效果好。

④为了防止夏天雨季冲毁堤埂，可以开设一个溢水口，溢水口也用双层密网过滤，防止黄鳝、泥鳅趁机顶水逃走。

## 第三节　放养苗种前的准备工作

从鳅苗孵化，大约 60 天的时间，泥鳅就长到了 4 厘米左右，这时的鳅苗便可以放入大面积的稻田中进行养殖了。黄鳝也是一样的，孵化后的鳝苗，经过近 2 个月的精心培育，长成幼鳝后就可以放入稻田里养殖了。在鳝苗和鳅苗入田之前，长期养殖的稻田需要经过精细的处理才可以，否则会对养殖造成不可估量的损失。

## 一、稻田清整

### 1. 清整的好处

稻田是黄鳝和泥鳅生活的地方，稻田的环境条件直接影响到它们的生长、发育，稻田清整是改善黄鳝、泥鳅养殖环境条件的一项重要工作。对稻田进行清整，从养殖的角度上来看，有如下5个好处。

①提高了水体溶解氧。稻田经一年的养殖后，环沟底部沉积了大量淤泥，一般每年沉积10厘米左右。如果不及时清整，淤泥越积越厚，稻田环沟里的淤泥过多，水中有机质也多，大量的有机质经细菌作用氧化分解，消耗了大量溶解氧，使稻田下层水处于缺氧状态。在田间沟清整时把过量的淤泥清理出去，就人为地减轻了稻田底泥的有机耗氧量，也就是提高了水体的溶解氧。

②减少了黄鳝和泥鳅得病的概率。淤泥里存在各种病菌，另外淤泥过多也易使水质变坏，水体酸性增加，病菌易于大量繁殖，使黄鳝和泥鳅的抵抗力减弱。通过清整田间沟能杀灭水中和底泥中的各种病原菌、细菌、寄生虫等，减少黄鳝、泥鳅疾病的发生概率。

③杀灭有害物质。通过对稻田田间沟的清淤，可以杀灭对黄鳝、泥鳅尤其是对鳝苗和鳅苗有害的生物如蛇、鼠和水生昆虫，也可杀灭吞食鳝苗和鳅苗的野杂鱼类如鲶鱼、乌鳢等及其他一些致病菌。

④可加固田埂。养殖时间长的稻田，有的田埂因为黄鳝、泥鳅经常性打洞而被掏空，有的田埂则出现崩塌现象。在清整环沟的同时，可以将底部的淤泥挖起放在田埂上，拍打紧实，起到加固田埂的作用。

⑤增大了蓄水量。当沉积在环沟底部的淤泥得到清整后，环沟的容积就扩大了一些，水深也增加了，稻田的蓄水量也就增

加了。

2. 清整的方法

①对已经养殖黄鳝、泥鳅的稻田进行曝晒。对于多年使用的稻田尤其是田间沟，阳光的曝晒是非常重要的。一般可利用冬闲时进行曝晒，先将田间沟里的水抽干，查洞堵漏，疏通进排水管道，翻耕底部淤泥，将田间沟的底部晒成龟背状，这样对于消灭稻田的有毒微生物有很大的好处。

②及时挖出底层淤泥。对于那些多年进行黄鳝、泥鳅养殖的稻田来说，在鳝苗和鳅苗入田之前，必须要清除田间沟底层里过多的淤泥。因为底层过多的淤泥会淤积很多动物粪便和剩余饲料，是病菌微生物生存的栖息地，而黄鳝和泥鳅又都有钻泥、钻洞的习惯，喜欢在稻田的底部活动。如果不做好田间沟的清淤工作会影响黄鳝和泥鳅的健康成长。一般情况下，可用铁锹挖起底部过多的淤泥，集中在一起，然后用小车推到远离稻田的地方处理，也可以用来加固田埂。

## 二、稻田消毒

稻田是黄鳝、泥鳅生活栖息的场所，也是黄鳝及泥鳅病原体的贮藏场所。因此，对稻田环沟的消毒至关重要，类似于建房打基础，地基打得扎实，高楼才能安全稳固，否则，就有可能酿成“豆腐渣”工程的悲剧，养殖黄鳝、泥鳅也一样，基础细节做得不扎实，就会增加养殖风险，甚至酿成严重亏本的后果。稻田环境的清洁与否，直接影响到黄鳝、泥鳅的健康，所以一定要重视稻田的消毒工作，消除养殖隐患，是健康养殖的基础工作，也是预防黄鳝和泥鳅发生疾病和提高黄鳝及泥鳅产量的重要环节和不可缺少的措施之一，同时对黄鳝和泥鳅种苗的成活率和健康生长起着关键性的作用。

在稻田养殖黄鳝和泥鳅的生产中，提前半个月左右的时间，采用各种有效方法对稻田进行消毒处理。用药物对稻田进行消毒，既可以有效地预防黄鳝、泥鳅疾病，又能消灭水蜈蚣、水蛭、野生小杂鱼等敌害。在生产过程中常用的消毒药物有生石灰、漂白粉等。

1. 生石灰消毒

生石灰也就是我们常说的石灰膏，是砌房造屋的必备原料之一，因此，它的来源非常广泛，几乎所有的地方都有。目前国内外公认的最好“消毒剂”仍然是生石灰，既具有水质改良作用，又具有一定的杀菌消毒功效，而且价廉物美，也是目前能用于消毒的最有效的方法。它的缺点就是用量较大，使用时占用的劳动力较多，而且生石灰有严重的腐蚀性，操作不慎，会对人的皮肤等造成一定伤害，因此，在使用时要小心操作。

使用生石灰对稻田及田间沟进行消毒，可迅速杀死敌害生物和病原体，如野杂鱼、各种水生昆虫和虫卵、螺类、青苔、寄生虫和病原菌及其孢子等，有除害灭病作用。另外，生石灰与水反应，变成能疏松淤泥、改善底泥通气条件、加快底泥有机质分解的碳酸钙；在钙的作用下，释放出被淤泥吸附的氮、磷、钾等营养素，改善水质，增强底泥的肥力，可让田水变肥，间接起到了施肥的作用。生石灰消毒可分为干法消毒和带水消毒 2 种方法。通常都是使用干法消毒，在水源不方便或无法排干水的稻田才用带水消毒法。

（1）干法消毒

在鳝苗和鳅苗放养前 20 ~ 30 天，排干环沟里的水，保留水深 5 厘米左右，并不是要把水完全排干。在环沟底中间选好点，一般每隔 15 米选一个点，挖成一个个的小坑，小坑的面积约 1 平方米即可，将生石灰倒入小坑内，用量为每亩环沟生石灰 40 千克左右。加水后生石灰会立即溶化成石灰浆水，同时会放出大量的烟气和发出咕嘟咕嘟的声音，这时不等石灰浆水冷却，要趁热向四周均匀泼洒，边缘和环沟中心及洞穴都要泼洒到，泼浇生石灰后第2天用铁耙翻耕田间沟的底部淤泥。为了提高消毒效果，最好将稻田的中间也用石灰水泼洒一下，然后再经3～5天曝晒后，灌入新水，经试水确认无毒后，就可以投放鳝苗、鳅苗了。

（2）带水消毒

对于那些排水不方便或者是为了抢农时的，可采用带水消毒的方法。这种消毒措施速度快，效果也好。缺点是生石灰用量较多。

在鳝苗和鳅苗投放前15天，每亩水面水深100厘米时（这时不仅仅是环沟了，因为100厘米的水深时，整个稻田都进水了，这时在计算生石灰用量时，必须计算所有有水的稻田区域），用生石灰150千克溶于水中后，一般是将生石灰放入大木盆、小木船、塑料桶等容器中溶化成石灰浆，操作人员穿防水裤下水，将石灰浆全田均匀泼洒（包括田埂），用带水法消毒虽然工作量大一点，但它的效果很好，可以把石灰水直接灌进田埂边的鼠洞、蛇洞里，能彻底地杀死病害。

（3）测试余毒

测试余毒就是测试水体中是否还有毒性，这在水产养殖中是经常应用的一项小技巧。

无论是养殖黄鳝，还是养殖泥鳅，测试水体中是否含有余毒的方法是一样的，因此，在这里以泥鳅为例。测试的方法是在消毒后的田间沟里放一只小网箱，在预计毒性已经消失的时间，向小网箱中放入50尾小泥鳅苗。如果在24小时内，网箱里的泥鳅既没有死亡又没有任何其他的不适反应，那就说明生石灰的毒性已经全部消失，这时就可以大量放养鳅苗了。如果24小时内仍然有测试的鳅苗死亡，那就说明毒性还没有完全消失，这时可以再次换水1/3～1/2，过1～2天再测试，直到完全安全后才能放养鳅苗。后文的药剂消毒性能的测试方法是一样的。

2. 漂白粉消毒

漂白粉遇水后能放出次氯酸，具有较强的杀菌和灭敌害生物的作用，一般用含有效氯30%左右的漂白粉。和生石灰消毒一样，漂白粉消毒也有干法消毒和带水消毒2种方式。使用漂白粉，要根据稻田或环沟内水量的多少决定用量，防止用量过大把稻田里的螺蛳杀死。

(1) 干法消毒

使用漂白粉消毒时，用量为每亩田间沟的面积使用5～10千克，使用时先用木桶加水将漂白粉完全溶化后，全稻田均匀泼洒即可。

(2) 带水消毒

在用漂白粉带水消毒时，要求水深0.5～1.0米，漂白粉的用量为每亩田间沟的面积使用10～15千克，先在木桶或瓷盆内加水将漂白粉完全溶化后，全稻田均匀泼洒。也可将漂白粉顺风撒入水中即可，然后划动田间沟里的水，使药物分布均匀，一般用漂白粉清整消毒后3～5天即可注入新水和施肥，再过两三天后，就可投放鳝苗和鳅苗进行养殖了。

3. 生石灰、漂白粉交替消毒

有时为了提高效果，降低成本，就采用生石灰、漂白粉交替消毒的方法，比单独使用漂白粉或生石灰消毒效果要好。

这种交替消毒方法也分为带水消毒和干法消毒2种。带水消毒，田间沟的水深1米时，每亩用生石灰60～75千克加漂粉5～7千克。干法消毒，水深在10厘米左右，每亩用生石灰30～35千克加漂白粉2～3千克，化水后趁热全稻田泼洒。使用方法与前面2种相同，7天后即可放黄鳝、泥鳅的苗种，效果比单用一种药物要好。

4. 漂白精消毒

漂白精是过氧化物，在水中溶解后能迅速释放出原子态氧，具有极强的氧化杀菌能力，同时有立体增氧、净化水质的作用。

5. 茶粕（茶籽饼）消毒

水深1米时，每亩用茶粕25千克。将茶粕捣碎成粉末，放入容器中加热水浸泡一昼夜，然后加水稀释、调匀，连渣带汁全稻田均匀泼洒。在消毒10天后，毒性基本上消失，可以投放鳝苗和鳅苗进行养殖。

6. 生石灰和茶碱混合消毒

此方法适合稻田进水后使用，把生石灰和茶碱放进水中溶解后，全稻田泼洒，生石灰每亩用量50千克，茶碱10~15千克。

7. 鱼藤酮消毒

使用7.5%的鱼藤酮的原液，水深1米时，每亩使用700毫升，加水稀释后装入喷雾器中全稻田喷洒。能杀灭几乎所有的敌害鱼类和部分水生昆虫，但对浮游生物、致病细菌和寄生虫没有什么作用。效果比前几种药物差一些，毒性7天左右消失，这时就可以投放鳝苗和鳅苗了。

8. 巴豆消毒

在水深10厘米时，每亩用5~7千克。将巴豆捣碎磨细装入罐中，也可以浸水磨碎成糊状装进酒坛，加烧酒100克或用3%的食盐水密封浸泡2~3天，用稻田里的水将巴豆稀释后连渣带汁全稻田均匀泼洒。10~15天后，再注水1米深，待药性彻底消失后放养鳝苗和鳅苗。

9. 氨水消毒

使用方法是在水深10厘米时，每亩用量60千克。在使用时要同时加3倍左右的沟泥，目的是减少氨水的挥发，防止药性消失过快。一般是在使用1周后药性基本消失，这时就可以放养鳝苗和鳅苗了。

10. 二氧化氯消毒

二氧化氯消毒是近年来才渐渐被养殖户所接受的一种消毒方式，它的消毒方法是先引入水源后再用二氧化氯消毒。水深1米时每亩用量为10～20千克，7～10天后放苗。该方法能有效杀死浮游生物、野杂鱼虾类等，防止蓝绿藻大量滋生，放苗之前一定要试水，确定安全后才可放苗。值得注意的是，由于二氧化氯具有较强的氧化性，加上它易爆炸，容易发生危险事故，因此，在储存和消毒时，一定要做好安全工作。

11. 消毒后要及时对水体解毒

在运用各种药物对水体进行消毒、杀死病原菌、除去杂鱼、杂虾、杂蟹等后，田间沟里会有各种毒性物质存在，这时必须先对水体进行解毒后方可用于养殖。

解毒的目的就是降解消毒药品的残毒，以及重金属、亚硝酸盐、硫化氢、氨氮、甲烷和其他有害物质的毒性，可在消毒除杂的5天后泼洒“卓越净水王”或“解毒超爽”或其他有效的解毒药剂。

## 三、稻田培肥

1. 稻田施用常规肥

黄鳝和泥鳅的食性都是杂食性的，水体中的小动物、植物、浮游微生物、底栖动物及有机碎屑都是它们的食物。但是作为幼小的黄鳝苗种和泥鳅苗种，它们最好的食物还是水体中的浮游生物，因此，在进行黄鳝和泥鳅养殖时，采取培肥水质、培养天然饵料生物的技术是养殖黄鳝、泥鳅的重要保证。在稻田里适度施肥，能使饵料生物生长。稻田养殖黄鳝、泥鳅的施肥，可以分为2种情况：一种是在黄鳝和泥鳅放养前施的基肥，用来培养天然饵料生物；另一种是在养殖过程中，为了保证浮游生物不断，必须及时、少量、均匀地追施有机肥。因

此，它们的施肥采取“以基肥为主、追肥为辅；以有机肥为主，无机肥为辅”的施肥原则。有机肥可作基肥，也可作追肥。化肥则用以追肥为宜。

大田肥料施用量和施肥方法要根据稻田表土层富集养分、下层养分较少的养分分布特点，以及免耕抛秧稻扎根立苗慢、根系分布浅、分蘖稍迟、分蘖速度较慢、分蘖节位低、够苗时间较迟、苗峰较低等生育特点进行。我们在进行稻田养殖黄鳝、泥鳅时，基肥以腐熟的有机肥为主，于平田前施入沟、溜内，按稻田常用量施入鸡粪、牛粪、猪粪等农家肥，让其继续发酵腐化，以后视水质肥瘦适当施肥，促进水稻稳定生长，保持中期不脱力，后期不早衰，群体易控制。在抛秧前 2～3 天采用有机肥和化肥配合施用的增产效果最佳，且兼有提高肥料利用率、培肥地力、改善稻米品质等作用，每亩可施农家肥 300 千克、尿素 20 千克、过磷酸钙 20～25 千克、硫酸钾 5 千克。

基肥的施用时间也是有讲究的，过早施肥，会生出许多大型的浮游动物，黄鳝和泥鳅的苗种嘴小吞不下；过迟施肥，浮游动物还没有生长，黄鳝和泥鳅的苗种下田以后找不到足够的饵料。如果施肥得当，水肥适中，适口饵料就很丰富，黄鳝和泥鳅的苗种下田以后就能吃到大量且适口的天然活饵料，那么它们的成活率就高、生长就快。

放养黄鳝、泥鳅后一般不施追肥，以免降低田中水体溶解氧，影响黄鳝和泥鳅的正常生长。如果发现稻田有脱肥的现象时，则应及时施少量追肥，追肥以无机肥为主，采取勤施薄施方式，以达到促分蘖、多分蘖、早够苗的目的。原则是“减前增后，增大穗、粒肥用量”，要求做到“前期轰得起（促进分蘖早生快发，及早够苗），中期控得住（减少无效分蘖数量，促进有效分蘖生长），后期稳得起（养根保叶促进灌浆）”。禾苗返青后至中耕前追施尿素和钾肥 1 次，每平方米田块用量为尿素 3 克、钾肥7克，配施无机肥30千克，以保持水体呈黄绿色。抽穗开花前追施人畜粪1次，每平方米用量为猪粪1千克、人粪0.5千克。为避免禾苗疯长和烧苗，人畜粪的有形成分主要施于围沟靠田埂边及溜沟中，并使之与沟底淤泥混合。

在追施肥料时，先排浅田水，让黄鳝和泥鳅集中到鱼沟中再施肥，有助于肥料迅速沉积于底泥中并为田泥和禾苗吸收，随即加深田水到正常深度；也可采取少量多次、分片撒肥或根外施肥的方法。在水稻抽穗期间，要尽量增施钾肥，可增强抗病，防止倒伏，提高结实，成熟时秆青籽黄。

在施肥培肥水质时还有一点应引起养殖户的注意，我们建议最好是用有机肥进行培肥水质，在有机肥难以满足的情况下或者是稻田连片生产时，也可以施用化肥来培肥水质，同样有效果，只是化肥的肥效很快，培养的浮游生物消失的也很快，因此，需要不断地进行施肥。生产实践表明，如果是施用化肥时，可施过磷酸钙、尿素、碳铵等化肥，如每立方米水可施氮素肥7克、磷肥1克。

2. 稻田施用生物鱼肥

生物鱼肥是一种新型高效复合肥料，它是针对无机肥和有机肥的缺点与弊端，应用先进的理论和技术，将无机元素、有机元素和生物活性物质科学地配比复合，从而研发出来的一种专门针对水产养殖的肥料。这种肥料是针对黄鳝、泥鳅水体的理化要求和稻田养殖的营养需求特点，精心研制开发的含氮、磷、钙的复合肥料，根据水体施肥“以磷促氮、以微促长”的理论，合理配比各营养要素，充分发挥有机肥、无机肥、微量元素及微生物的不同特点，能在较短的时间内迅速培肥水质，促进优良藻类的大量繁殖、生长，控制藻相平衡，将老化水质转为嫩绿水质，水色鲜活，为黄鳝、泥鳅创造良好的生活环境，增强浮游植物酶的活性，提高光合作用效率，增加水中溶解氧。

生物鱼肥是替代传统无机肥和有机肥的新一代高效复合水产专用肥，能够综合调控水质，改善不良水体的生物群落结构，使养殖水体呈现出“肥、活、嫩、爽”的水质特色，保持养殖水体环境的生态平衡，降低养殖对象的发病率等。另外，还具有使用方便、使用量少的优势。这种肥料的缺点就是价格太高，应用成本较大，因此，对于利用稻田养殖黄鳝、泥鳅的农户来说，要想全面应用还有一定难度。另外一个缺点就是由于这种肥料是刚刚研制出来的新型肥料，目前只是广谱性的，并没有专门针对某一种鱼类，例如，目前并没有完全根据黄鳝、泥鳅的养殖特点和摄食习性来开发出专用黄鳝生物肥或专用泥鳅生物肥。

生物鱼肥的施用也是有技巧的，主要表现在如下几点。

①在鳝种、鳅种放养前1周，用生物鱼肥施足基肥来培肥水质，施用量为4千克/亩·米。

②在养殖过程中要根据水质肥度适时施加追肥，追肥量为每次2~3千克/亩·米。

③施肥是以晴天上午施用为宜，阴雨天不要施肥，以免影响效果。

④施肥方法是先将本品溶于适量水中，然后等生物鱼肥充分溶解后，30~60分钟后均匀泼洒。

⑤无论是施基肥还是施追肥，在施肥后的3天内，最好不换水或注水。

⑥生物鱼肥的特殊性质使得它不宜与碱性物质一起存放或施用。施生石灰前后1周内不宜施用。

⑦根据稻田的具体情况调整施肥量，如果田间沟内的淤泥过厚，应减少施肥量并配合使用底质改良剂。对于保水、保肥性能差的稻田，可适当增加施肥量。

⑧根据季节和天气调整施肥量。3—5月，水温较低，黄鳝、泥鳅吃食量较少，水中营养物质易缺乏，可适当增加施肥

量；6—9 月，黄鳝、泥鳅的摄饵量大，水质已较肥，可不施追肥或少施追肥；9 月后，天气转凉，水质变淡，可酌情增加施肥量。

## 四、投放水生植物

在稻田的田间沟内应种些水生植物，如套种慈姑、浮萍、水浮莲、水花生、水葫芦等，覆盖面积占田间沟总面积的 1/4 左右，以便增氧、降温及遮阳，避免高温阳光直射，为黄鳝和泥鳅提供舒适、安静的栖息场所，有利于摄食生长。同时，水生植物的根部还为一些底栖生物的繁殖提供场所，有的水生植物本身还具有一些效益，可以增加收入。当夏季田间沟中杂草太多时，应予清除，沟内可放养一些藻类或浮萍，既可以改善水质又可以补充黄鳝和泥鳅的植物性饲料。

## 五、养殖用水的处理

在稻田中大规模养殖黄鳝和泥鳅时，常常会涉及换水和加水，因此，就必须对养殖用水进行科学的处理。从目前我国养殖黄鳝和泥鳅的现状来看，通过物理方法来对养殖用水进行处理是很好的。这些方法包括通过栅栏、筛网、沉淀、过滤、挖掘移走底泥沉积物、进行水体深层曝气、定时进换水等工程性措施。

一是栅栏的处理。栅栏用竹箔、网片组成。通常是将栅栏设置在稻田种养黄鳝、泥鳅区域的水源进水口，目的是为了防止水中较大个体的鱼、虾类、漂浮物、悬浮物及敌害生物进入养殖区域水体。

二是筛网的处理。筛网一般会安置在水源进水口的栅栏一侧，作为幼体孵化用水，以防小型浮游动物进入孵化容器中残害幼体。对于那些利用工业废水来养殖黄鳝、泥鳅的，更要加以处理，也可用筛网清除粪便、残饵、悬浮物等有机物。

三是利用沉淀的方法进行处理。在养殖上一般采用沉淀池沉淀，沉淀时间根据用水对象确定，通常需要沉淀 48 小时以上。

四是进行过滤处理。过滤是使水通过具有空隙的粒状滤层，使微量残留的悬浮物被截留，从而使水质符合养殖标准。

# 第四章　黄鳝的稻田养殖

利用稻田养殖黄鳝成本低、管理容易，既增产稻谷，又增产黄鳝，是农民致富的措施之一。

稻田养殖黄鳝是利用一季中稻田实行种植与养殖相结合的一种新的养殖模式。稻田养殖黄鳝，可以充分利用稻田的空间、温度、水源及饵料优势，促进稻鳝共生互利、丰稻增鳝，大大提高稻田综合经济效益。掌握科学的饲养方法，平均每亩可产商品黄鳝 30 ~ 40 千克，产值增加 800 ~ 1200 元。规格为 15 ~ 20 条/千克的优质黄鳝种苗经饲养 4 ~ 6 个月后，即可长至 100 ~ 150 克。一方面，稻田为黄鳝的摄食、栖息等提供良好的生态环境，黄鳝在稻田中生活，能充分利用稻田中的多种生物饵料，包括水蚯蚓、枝角类、紫背浮萍及部分稻田害虫；另一方面，黄鳝的排泄物对水稻的生长起追肥作用，可以减少农户对稻田的农药、肥料的投入，降低成本。

## 第一节　黄鳝苗种的来源

黄鳝的种苗培育是指将人工繁殖或天然采集的鳝苗用专池培育成能供养殖成鳝用鳝种的养殖方式。一般是将刚孵化的鳝苗进行分阶段培育，先培育成体长 2.5 ~ 3.0 厘米的鳝苗，再培育到平均体长 15 ~ 25 厘米、平均体重 5 ~ 10 克规格的鳝苗，当然也可以一次性进行培育到位。由于人工繁殖鳝苗相对滞后，故黄鳝种苗培育开展得不是太普及。随着黄鳝生产的发展，对种苗的需求量越来越大，解决批量种苗生产迫在眉睫。

由于目前黄鳝的人工繁殖技术尚未全面普及，普通养殖户进行人工繁殖还有一定难度，因此，鳝种的来源，除了依靠全人工繁殖培育的途径外，仍然要靠从市场上采购鳝种、捕取天然受精卵进行孵苗、直接捕取天然鳝苗获得。

## 一、从市场上采购黄鳝苗种

1. *采购途径和方法*

从市场上采购鳝苗鳝种，途径一般有 3 条：一是到农贸市场或水产品批发市场随机采购；二是到固定的熟悉的小商贩手中采购；三是到固定的黄鳝养殖场进行采购。

第 1 条途径质量得不到保证，通常会有电捕鳝、药捕鳝、钩钓鳝在里面，往往会发生购回家就发生大量死亡的现象。另外，由于乡镇农贸市场黄鳝收购一般都有垄断性，因而有压价及半路拦购的。第 3 条途径价格往往会很高，但是质量和规格都能得到保证。第 2 条途径很适合普通养殖者，当我们直接从捕鳝者或收购商手上收购时，一定要向他们说明意图，要求捕鳝者在存放时采取措施，尽可能防止黄鳝发烧。和收购商谈好转买价格，给出相对优惠的价格，然后对前来交售黄鳝的农户一家一家查看，将认为合格的黄鳝收来养殖，一般质量也比较可靠。

如果自己在当地有一定人脉，可以尝试在收购之前自己去联系捕鳝的农户，要求它们将鳝苗必须好好保管，价格可以给高一点也没关系。保管方法是：捕鳝者每次都必须用桶装鳝，在桶里放一些湖水或者沟水、池塘水都行，少一些没有关系，捕鳝者带水把黄鳝拿回家之后也必须用湖水或池塘水储存，等待上门收购。由于增加了劳动强度，给出的价格稍高一些也是值得的，尽量多联系一些，每天上午统一收购回来，运回来也必须带水运输，不需要太多的水，每一个网箱都要一次放满，自己收购虽然麻烦一些，但效果很好，成活率也很高，价格比从小贩那儿收购要便宜些。

在收购时要注意三点要求，一是小贩必须每天早上亲自去捕捉黄鳝的农户家中把当天早上的黄鳝苗给收回来。二是在运输和储存的过程中都必须要用湖水或河水，绝对不用井水、泉水或自来水，最重要的是注意温差应不超过3 ℃。以免黄鳝感冒。运输过程中尽量多带水，不能不带水运输，以免黄鳝发烧。三是起捕或储存时间过长的坚决不要。

2. 采购的质量和品种要求

在购买鳝种时，要选择健壮无伤的、一直处于换水暂养状态的笼捕和手捕黄鳝种苗作为饲养对象，切忌使用钩钓来的幼鳝作鳝种。咽喉部有内伤或体表有严重损伤的，易生水霉病，有的不吃食，成活率低，均不能用作鳝种。腮边出现红色充血或泛黑色、体色发白无光泽、瘦弱的也不能用作鳝种。凡是受到农药侵害的黄鳝和药捕的黄鳝都不能作种苗放养，这些黄鳝一般全身乏力，一抓就抓住了，缺少活力。将欲收购的黄鳝倒入水中，看其是否活跃，对在水中反应迟钝、“打桩”的黄鳝不要收购。

一般可以将黄鳝品种分为3种：第1种叫深黄大斑鳝，它的个体肥壮，体色微黄或橙黄，体背多为黄褐色，腹部灰白色，身上有不规则的黑色大斑，大斑从体前端至后端在背部和两侧连接成数条斑线，这种鳝种性情温驯，生长速度快，最大个体体长可达70厘米，体重1.5千克左右，每千克鳝种生产成鳝的增肉倍数是5~6倍，非常适合人工养殖；第2种，体色青黄，这种鳝种生长一般，每千克鳝种生产成鳝的增肉倍数是3~4倍；第3种，体色灰、斑点细密，这种鳝苗生长不快，每千克鳝种生产成鳝的增肉倍数是1~2倍。因此，从养殖效益来看，我们在选择养殖品种时，还是要选择第 1 种。其他的几种黄鳝生长速度慢，只适宜暂养获得季节差价。

3. 在大规模养殖场中购买鳝种的技巧

在一些提供苗种的养殖场，都会有一些高密度临时存放黄鳝的池子，我们可以通过在池子里观察黄鳝的活力和反应来判断黄鳝的优劣。

首先，看看黄鳝的反应，一般质量较好的黄鳝在水池内，会全部迅速游开并躲到水草下或钻入泥中，很少会有黄鳝在没有水草的水体中停留，如果发现黄鳝长时间伸头出水且向上一动不动的（也称“打桩”），这样的黄鳝一般均为病鳝，应予剔出。伸头出水较多的，则全部不要。

其次，看黄鳝的集群反应，对于一池子的黄鳝来说，大部分黄鳝是喜欢在一起的，如果发现有极少数几条的黄鳝待在一边，那就说明可能有毛病，是不适宜选购的。

再次，看黄鳝在池壁和草丛中的反应，如果黄鳝在池子边或水草上不断地用身体在摩擦、爬到水草面上烦躁不安的、在池内翻滚的、肚子朝上的，那就说明这池子的黄鳝可能有寄生虫感染，或者是其他的疾病，也是不宜选购的。

最后，就是看黄鳝的摄食欲望，让鳝池保持微流水，投入切碎的蚯蚓、猪肝、河蚌肉、鱼肉等（有蝇蛆的也可采用烫死的鲜蛆），如果黄鳝的摄食欲望很强烈，则说明是优质黄鳝，否则很可能是患病的，也是不能选购的。

## 二、直接从野外捕捉野生黄鳝苗种

人工繁育鳝苗质量稳定，但目前极少，难以满足人工养殖的需要，而通过捕捞天然鳝苗进行苗种培育是非常不错的选择，也具有较高的经济价值，能节约成本，减少生产开支，是比较容易在广大农村推广的方法之一。在自然水域中，野生黄鳝种苗的采集方法也有很多，效果都非常不错，主要有笼捕、电捕、针钓、药捕、针叉和徒手捕捉等，其中只有笼捕苗种成活率高，而另外几种方式所得苗种成活率低。下面来介绍几种捕鳝方法。

第 1 种方法是灯光照捕。在春夏之间，晚上点上柴油灯照明，也可用电灯，沿田埂渠沟边巡视，一旦发现有出来觅食的黄鳝，就立即用灯光照射，这时黄鳝就会一动不动，可用捕鳝夹捕捉或徒手捕捉。在捕捉时，要注意保护鳝体的安全，尽可能不损伤黄鳝的身体，捕到的黄鳝苗应该马上放养。

第 2 种方法是用鳝笼捕捉。在春天末期，气温回升到 15 ℃以上时，在土层越冬的鳝种苗纷纷出洞觅食，这时是捕捉鳝种的最好季节。这个阶段的野生鳝种苗的捕捞既可在湖泊河沟捕捞，也可利用春耕之际在水田内捕捞。其他季节可利用黄鳝夜间觅食的习性来捕捉。捕苗方法以鳝笼诱捕和手捉为好。每年 4—10 月，可以在稻田和浅水沟渠中用鳝笼捕捉，特别是闷热或雷雨天气后，出来活动的黄鳝最多，晚间多于白天。可于晚上 9—10 点或者雷雨过后，将鳝笼放在田间水沟里经常有黄鳝活动的地方，几个小时以后将鳝笼收回，就可以捕捉到黄鳝了。用鳝笼捕捉黄鳝时，要注意两点：一是最好用蚯蚓作诱饵，每只笼子一晚上取鳝苗一次；二是捕鳝笼放入水中的时候，一定要将笼尾稍稍露出水面，以便使黄鳝在笼子中呼吸空气，否则会闷死或得上缺氧症。黎明时将鳝笼收回，将个体大的黄鳝种苗出售，小的留作鳝种。用这种方法捕到的黄鳝种苗，体健无伤，饲养成活率高。

第 3 种方法是用三角抄网在河道或湖泊生长水花生的地方抄捕。在长江中游地区，每年 5—9 月是黄鳝的繁殖季节。此时，自然界中的亲鳝在水田、水沟等环境中产卵。刚孵出的鳝苗体为黑色，其有相对聚集成团的习性。每年 6 月下旬—7 月上旬在有鳝苗孵出的水池、水沟中放养水葫芦引诱鳝苗，捞苗前先在地面铺一密网布，用捞海将水葫芦捕到网布上，使藏于水葫芦根须中的鳝苗自行钻出到网布上。

第4种方法是食饵诱捕。在每年的6月中旬，利用黄鳝喜食水蚯蚓的特性，在池塘水池靠岸处建一些小土埂，土埂由一半土，一半用马粪、牛粪、猪粪拌和而成，在水中做成块状分布的肥水区，这样便长出很多水蚯蚓，自然繁殖的鳝苗会钻入土埂中吃水蚯蚓，这时可用筛绢小捞海捞取鳝苗，放入幼鳝培育池中培育。

第5种方法就是在黄鳝经常出没的水沟中放养水葫芦，6月下旬—7月上旬就可收集野生鳝苗。方法是：先在地上铺一塑料密网布，用捞海把水葫芦捞至网布上，原来藏于水葫芦根中的鳝苗会自动钻出来，落在网布上。收集到的野生鳝苗便可放入鳝苗池中培育。

在这里必须强调的一点就是，必须在每天上午将当天捕捉的黄鳝收购回来，途中时间不得超过4小时。收购时，容器盛水至2/3处，内置0.5千克聚乙烯网片。鳝苗运回，立即彻底换水，所换水的比例达1∶4以上。浸洗过程中，剔除受伤和体质衰弱的鳝苗。1小时后，对黄鳝进行分选，按不同的规格大小放入不同的鳝池。整个操作过程，水的更换应避免温差过大，水温高低相差应控制在2℃以内。

### 三、利用人工养殖的成鳝自然孵苗

这种方法获得的鳝苗，有成熟率高、对环境适应性强和群众易接受等特点。

首先是选择亲鳝。每年秋末，当水温降至15℃以下时，从人工养成的黄鳝中，选择体色黄、斑纹大和体质壮的个体移入亲鳝池中越冬，一般选择平均体长36～40厘米、体重100克左右的黄鳝。

其次是越冬管理。为了确保黄鳝的亲鳝在来年能更好地繁殖幼鳝，一定要做好越冬管理工作。在越冬期间要注意尽可能自然越冬，不要刻意地人为加温并投喂饵料，这对亲鳝的性腺发育是不利的。当然也不要冻伤亲鳝，越冬土层至少要保证 30 厘米以上，在天寒时还要在最上面覆盖一层稻草来保温。

再次就是亲鳝的培育。第 2 年春天，当水温升至 10 ℃以上时，就可以在中午少量投喂黄鳝爱吃的动物性饵料，当水温达到 15 ℃以上时，则要加强投喂，多投活饵，并密切注视其繁殖活动情况，并在中午适当冲水刺激，以促进黄鳝的性腺发育。

最后是密切注意亲鳝的发育。5 月中旬亲鳝开始产卵，一旦发现鳝苗后及时捞取并进行人工培育。刚孵出的鳝苗往往集中在一起呈一团黑色，此时护幼的雄鳝会张口将仔鳝吞入口腔内，头伸出水面，移至清水处继续护幼。寻找仔鳝时，要耐心仔细，一旦发现仔鳝因水质恶化绞成团时，应及时用捞海捞出，放入盛有亲鳝池池水的桶中，如果发现不及时，第 2 天仔鳝往往就钻入泥中，难以捕起。

## 四、捞取天然受精卵来繁殖

对于农村养鳝户来说，黄鳝的人工繁殖有一定的操作技术难度，单纯依靠人工繁殖来获得黄鳝苗种不是十分保险的。所以，在黄鳝自然繁殖季节从野外直接捞取受精卵，再进行人工集中孵化，这种方法的成本较低，而且获得鳝苗的数量较多。在5—9 月，在稻田、池塘、水田、沟渠、沼泽、湖泊浅滩杂草丛生的水域及成鳝养殖池内，寻找黄鳝的天然产卵场。这种产卵场是有特点的，就是一定要寻找一些漂浮在水面的泡沫团状物，这就是黄鳝受精卵的孵化巢。当发现产卵场后，应立即进行捕捞，用布捞海、勺、瓢或桶等工具将卵连同泡沫巢一同轻轻捞取起来，暂时放入预先消毒过的盛水容器，然后放入温度为25～30 ℃的水体内孵化，以获得鳝苗。

## 五、人工繁殖获得鳝苗

人工繁殖获得鳝苗，就是指用人工催情繁殖而获得鳝苗的方法。这种方法的特点是能获得批量的苗，质量也有所保证。但缺点是操作上技术要求较高，操作程序也较为复杂，对于一般从事稻田养殖的农户来说，并不适宜，因此，本书不再作重点介绍。

## 六、苗种质量的鉴别

不论何种来源，都应注意对苗种进行质量鉴定，目前在生产上通常将黄鳝的苗种区分为好苗、中苗和劣苗。

1. 好苗

好的苗种从外表上也能看出来，就是苗体呈黄色或略带金黄色，而且身体表面上有较大的黑褐色斑点，这种苗的生长速度快、增肉倍数可达到5～6倍，最适合于专业性养殖或进行单养。

2. 中苗

中苗，就是质量中等的苗种，从外表上来看，它的苗体呈青黄色，其中的杂斑较小，它的生长速度要比好苗低一点，增肉倍数可达到3～4倍，比较适合于普通养殖。

3. 劣苗

劣苗，就是质量不好的苗种，从外表上来看，苗体呈灰色或青灰色，身体表面虽有杂斑，但不太明显，这种苗种的生长速度比较缓慢，增肉倍数仅1～2倍，只适合于农村家庭养鱼时作为综合利用的混养品种。在进行人工精养时，我们建议不要选购这种苗种来养殖。

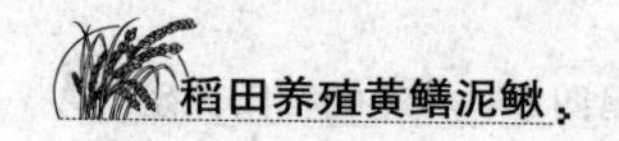


## 第二节　黄鳝苗种培育的习性

### 一、鳝苗培育的意义

在自然界中的野生黄鳝，它们的后代在存活过程中，有许多因素决定着它们的命运，如被敌害吞吃、受水质污染、农药的药害，还有其他环境的变化与影响等，这些都会导致野生的鳝苗成活率非常低。为了提高黄鳝苗种的成活率，保证鳝苗的快速生长，为人工养殖提供更多的优质鳝苗，因而需要进行专门建池培育。还有一个重要原因就是在苗种培育过程中，可以强化对野生苗种的驯食训练，这对于大规模的人工养殖是非常有好处的。

### 二、鳝苗的食性

1. 刚孵出仔鳝的营养来源

黄鳝仔鳝刚孵出后的几天里，仍然靠卵黄囊维持生命，等鳝苗孵出后 5 ~ 7 天，此时体长达 28 毫米左右，卵黄囊完全消失，胸鳍及背部、尾部的鳍膜也消失了，色素细胞布满头部，使鳝体呈黑褐色，仔鳝能在水中快速游动并开始摄食水蚯蚓，消化系统基本上发育完善并开始了自行觅食。

2. 鳝苗期的食性

黄鳝苗的食谱较广，根据研究表明，此阶段黄鳝苗主要摄食天然活体小生物，如大型枝角类（俗称红虫）、桡足类、轮虫、水生昆虫、水蚯蚓、孑孓、硅藻和绿藻等，特别喜食的水生活体小动物是水蚯蚓、枝角类和桡足类等。随着身体不断地增长，黄鳝苗的食性也会发生着改变，慢慢地喜食陆生蚯蚓、黄粉虫和蝇蛆等，同时开始摄取较大型的饵料动物，如米虾、蝌蚪等，也兼食一些植物性饵料，如硅藻、绿藻等。

3. 相互蚕食性

鳝苗虽小，但长到一定程度时也具备了成鳝的一些基本特性，如相互蚕食性，研究表明，体长10～20厘米的性腺未成熟的鳝种，已具备了蚕食同类的习性，它们不但可以吞食更小的鳝苗，还吞食鳝卵，所以在人工培育时要注意防止这种蚕食行为的发生。

4. 鳝苗的摄食呈季节性

研究表明，在一年四季的鳝苗培育过程中，对黄鳝苗前肠内容物的解剖中发现，泥沙成分以春季所占比例最大，腐屑也以春季所占比例最大，而饵料生物则均在夏、秋季所占比例最大，说明夏、秋两季是黄鳝种苗阶段的摄食旺季。

### 三、鳝苗的生长速度

黄鳝种苗的生长速度与饵料的丰歉有直接的关系，在饵料充足的情况下，生长速度相当快。刚孵出的鳝苗体长1.2～2.0厘米，孵出后15天体长可达到2.7～3.0厘米，经1个月的饲养体长可达到5.1～5.3厘米，到当年11月中旬，体长可达15～24厘米。

## 第三节　黄鳝苗种的培育

黄鳝苗种的培育包括黄鳝幼苗的培育和鳝种的培育，也就是说从黄鳝孵出幼苗后先培育到体重5克左右的小鳝种，再进行第2阶段的培育，即将小鳝种从5克左右培养到20克左右的大规格鳝种，由于这2个阶段是有机连接在一起的，故本文将两者放在一起讲述。

## 一、培育池

从事黄鳝培育，可采用土池、水泥池、网箱3种主要方式，水泥池又可分为有土和无土2种形式。在生产实践中，用得最多的还是小水泥池，面积以小为宜，通常不超过10平方米；深度较浅为宜，池深30~40厘米，水深10~20厘米。上沿应高出水面20厘米以上，池底加土5厘米左右。此外，水泥池要有防逃的倒檐。

培育鳝苗的小池对环境还有一定的要求，主要包括周围环境安静、避风向阳、水源充足且便利、进排水方便、水质清新良好无污染。

由于鳝苗在培育过程中，生长速度差异性很大，因此，除准备好鳝苗池外，还要准备几个分养池，随着个体的长大，鳝苗对水体的空间要求大一些，通过分级培育可解决大小个体争食问题，也可避免大小个体的蚕食现象。

## 二、其他的培育设施

能够培育鳝苗的设备较多，如水桶、水缸和瓷盆等盛水容器，也可用来培育鳝苗，尤其适合小规模的培育，但必须在室内进行。此外，培育后期需移至室外水泥池中。容器内要放入小石块，垒起的石块留一些缝除供鳝苗栖息。放入石块后，注水5厘米左右，水面到容器顶端的距离保持在10厘米以上。

## 三、池塘清整

冬季排干池水，清除多余的淤泥（保留20~30厘米厚）、曝晒池底。在放苗前10~15天，对培育鳝种的土池还必须进行再一次的清整，即清除塘底淤泥、修补漏洞、疏通进排水道，然后注入部分水（土池注水10厘米，水泥池注水5厘米）。选择晴天，用生石灰化水泼洒消毒，每平方米用量为100～150克，捕捞青蛙、蝌蚪及野杂鱼类，放苗前3～5天注入新水备用。鳝种培育池宜选用小型水泥池。

## 四、栽种水草

水草在黄鳝幼体培育中，起着十分重要的作用，具体表现在：模拟生态环境、提供鳝苗部分食物、净化水质、提供氧气、为鳝苗提供隐蔽栖息场所、在夏季高温时可以为鳝苗遮阴、提供摄食场所和防病作用。

培育池中的水草通常有聚草、菹草、水花生、水葫芦等水生植物。栽种水草的方法是：将水草根部集中在一头，一手拿一小撮水草，另一手拿铁锹挖一小坑，将水草植入，每株间的行距为20厘米，株距为15～20厘米，水草面积占池内总面积的30%～40%。

## 五、水体培肥

为了让黄鳝苗种在进入培育水体后，就能摄食到适口的浮游生物，就必须对水体进行培肥。为培肥水质，每平方米水可投放0.20千克熟牛粪或0.15千克发酵鸡粪，为加强效果，可同时施无机肥尿素0.15～0.20千克/池。几天后，水体中的浮游生物即可达最高峰，此时下苗，可以提供部分黄鳝幼体喜食的活饵料，有利于黄鳝苗种的顺利生长。

## 六、放养

1. 测试水质

在计划放苗的前一天，对水质进行余毒测试，以确定水中生石灰的毒性是否消失。原则上是用鳝苗试毒，实际生产中常用小野杂鳝如麦穗鱼、幼虾（青虾）等代替鳝苗，放于网袋里置于水中，12 小时后取样检查，若发现野杂鱼未死亡且活动良好，说明水质较好，可以放苗。

2. 放苗时间

种鳝产卵 10 天后，一般鳝苗即会孵出。待鳝苗孵出后，应在 5 天之内将其捞入培育池内进行专池培育。

养殖者也可以黄鳝的生长特性进行温度推算来确定放养时间，由于鳝苗的身体比较虚弱，需要稳定的温度条件做保障。因此，为慎重起见，初养者一般在每年的 6 月 25 日以后放苗为好，此时气温基本稳定在 30 ℃以上，并且晴天早上的空气温度和水温基本持平，这样能最大限度地避免黄鳝因离水时间过长产生温差而感冒。第 2 年技术成熟之后，可以稍微提前到 5 月 20 日左右，延长吃料时间，可以明显增加经济效益。

鳝种的放养与鳝苗的放养有一点区别。鳝苗经过精心饲养，当年可长成体重 20 克以上的幼鳝种，这时就要分池培养。鳝种池的清整方法同前面的鳝苗池清整方法是一样的。只是放养时间要提前了，这样可以为当年养殖成鳝提供更多的生长时间，有利于黄鳝的快速生长。每年 3 月底 4 月初放养，密度视养殖条件和技术水平而定。

3. 放养密度

在小型池塘里对鳝苗进行培育时，放养的密度每平方米以 100 ~ 200 尾为宜。如果是在水泥池中培育，密度可以更高，放养量每平方米达到 400 ~ 500 尾。当然具体的放养量还要看鳝苗的质量来定，一般原则是鳝苗规格小少放，规格大多放，放苗日期早就少放，放苗日期晚就多放。

鳝种的放养量为每平方米 80 ~ 160 尾（2 ~ 6 千克）不等。要求体质健壮、体表无伤，大小规格整齐。

4. 放苗操作

放苗期间应该多关注天气情况，放苗时的天气必须选择在连续晴天的第 2 天，上午把苗运回家之后，放在阴凉的地方，先在容器内培养 2 ~ 3 天。由于仔鳝苗对环境的适应能力较差，在入池前，应将培育池的水温调整至与原池或运输容器内的水温相近（温差不超过 2 ℃），再将鳝苗移入育苗池。

鳝种在放养时一定要轻拿轻放，同池养的鳝种规格大小要一致，黄鳝的苗、种只要放入另一水体，就要消毒。一般用 1% ~ 3% 食盐水浸泡 10 ~ 15 分钟；或每立方米水体用高锰酸钾 10 ~ 20 克浸泡 5 ~ 10 分钟；或每立方米水体用聚维酮碘（含有效碘 1%）20 ~ 30 克浸泡 10 ~ 20 分钟；或每立方米水体用四烷基季铵盐络合碘（季铵盐含量 50%）0.1 ~ 0.2 克浸泡 30 ~ 60 分钟。

5. 苗种质量的鉴别

质量不佳的黄鳝苗种放养后，死亡潜伏期在 3 ~ 30 天，死亡率最高可达 90% 以上。众多养殖失败的原因中，因苗种质量不佳造成的占 80% 左右。据笔者多年的养殖实践经验，在放养鳝种前需要对后期进行培育的鳝苗做质量上的检查，以确保为以后成鳝养殖提供质量更好的大规格鳝种。检查黄鳝苗种的质量可以从以下几个方面入手。

①看鳝种的体表。如果黄鳝的头部、肛门或者体表的任何部分出现肿胀、发红、充血等症状，则说明这批苗种在培育、储存、运输过程中有处理不当的地方，不能继续培育。如果幼鳝体表有明显红色带血块状腐烂病灶，为腐皮病；尾部发白呈絮状绒毛，为水霉病；头大体细，甚至呈僵硬状卷曲、颤抖，为体内寄生虫病；肛门红肿发炎突出，为肠炎病。凡带有这类疾病的鳝种，挑选时应予剔除。

②看鳝种的伤势。如果鳝种身体任何地方受伤尤其头部受到损伤时，以口中常伴有针眼、头部皮肤擦伤、腹部皮肤磨伤、身

体有针叉眼等常见，则尽量把受伤的剔除，不能放在一起进行下阶段的培育。对于腹部磨伤的幼鳝，如果腹部不朝上较难发现，应注意检查。如将黄鳝倒入3%~5%的食盐水中，受伤个体会立即蹿跳起来，这类鳝也在淘汰之列（但也有部分特别敏感的健康鳝会蹿跳，应检查外表，仔细辨别）。

③看鳝种的动作。先把从鳝苗池里捞出的部分黄鳝苗种放进水中，水深以浸没黄鳝超过10厘米以上为好，游姿正常，稍遇响声或干扰，黄鳝会因突然受惊抖动而全部会沉入水中，即使偶尔伸头呼气也会马上沉下去，这说明黄鳝敏感健康。那些“浮头”、肚皮朝上的属不健康个体，应予剔除。

④用手抓来判断鳝种的质量。健康的黄鳝活泼好动，用手不容易抓住，在水中只能看见倒立的尾巴，头部都相互交错地埋藏在水的最深处，并有较大的挣逃力量。一句话，就是把黄鳝放在水里只看见尾巴、看不见头。如果黄鳝长时间把头伸出水面，或者浑身瘫软，一抓一大把，则很可能是不健康的黄鳝，若只有部分黄鳝有不健康的症状，则尽量把行为异常的剔除掉，这样可以保证下阶段的培育成活率。

如果鳝苗是病伤和中毒的黄鳝，那么它全身或局部黏液就会脱落或减少，用手抓它们时无光滑感或光滑感不强，或提起黄鳝，黏液明显脱落，这类鳝不宜选做鳝苗养殖。因为黄鳝一旦失去起屏障作用的黏液就不能存活了。

6. 在鳝种培育阶段放养泥鳅

泥鳅活泼好动，在鳝种培育池中放养少量泥鳅，对增加池塘水中溶氧、防止黄鳝相互缠绕、清理黄鳝饲料能起到一定的作用。因此，在鳝种培育阶段我们建议放养少量泥鳅，但是由于泥鳅抢食快而黄鳝吃食较慢等原因，在养殖中建议鳝鳅混养时要注意以下几点：一是泥鳅的快速抢食会给黄鳝的正常驯食带来困难，造成驯食不成功，在投喂时可以先让泥鳅吃饱，然后再喂黄鳝。二是泥鳅投放时的规格一定要小，数量要少，达到目的就可以了，如果泥鳅规格大，它不但会和黄鳝争食，还可能会以大欺小，甚至撕咬、吞食更小的鳝种。

## 七、投饵

1. 分养前喂养

刚孵化出的仔苗不能摄食，主要靠吸收卵黄囊的营养来维持生命，这期间可不投喂食物。鳝苗孵出后 5 ~ 7 天，消化系统就可发育完善，卵黄囊已基本吸收完，与之相对应的是卵黄囊消失，此时鳝苗开始自己自由觅食。鳝苗的食谱是广泛的，但主要摄食天然活体小生物，如大型枝角类、桡足类、水生昆虫、水蚯蚓和孑孓等，最喜食水蚯蚓和水蚤。开口饵料以水蚯蚓为佳，所以在鳝苗放养前，必须用畜禽粪培育水质，培育大型浮游动物，还要引入水蚯蚓种，以繁殖天然活饵供鳝苗吞食，也可用细纱布网捞取枝角类、桡足类投喂。还可用煮熟的鸡蛋黄用纱布包好，浸在水中轻轻搓揉，鳝苗可取食流出的蛋黄液。最初每 3 万尾约投喂 1 个鸡蛋的蛋黄，以后逐步增加，以“吃完不欠，吃饱不剩”为宜。以后逐步在蛋黄中增加投喂水蚤、水蚯蚓、蝇蛆及切碎的蚯蚓、河蚌肉等，蚯蚓等动物的浆要打细，最初可先按总量的 10% 加入，以后逐步增加。

2. 分养后喂养

经过 1 个月左右饲养后，鳝苗粗壮活泼，体长 5 ~ 8 厘米，进行第 1 次按大小分级的饲养，并将达到 10 厘米的大鳝种选出移入育肥池饲养。在分养时首先检查黄鳝苗的质量，然后分级，一般分大、中、小 3 级。方法是：把最小的和最大规格的分别拿掉，各单独放在 1 个桶中，留下中等大小规格的。再按不同的规格进行不同的饲养与管理。分养时动作应该尽量迅速，减少黄鳝离水的时间。

在分养后，可以立即投喂蚯蚓、蝇蛆和杂鱼肉酱，也可少量投喂麦麸、米饭、瓜果和菜屑等食物。日投2次，上午8—9点、下午4—5点各投喂1次，日投饲为体重的8%~10%；第2次分养后，可投喂大型的蚯蚓、蝇蛆及其他动物性饲料，也可投喂鳗鱼种配合饲料，鲜活饲料的日投量为体重的6%~8%。当培育到11月中下旬时，一般体长可达到15厘米以上的鳝种规格，此时水温可能下降至12℃左右，鳝种停止摄食，钻入泥中越冬。生产中的投喂在适温情况下多喂、勤喂，在水温5℃以下摄食下降，可少喂；在雨天，要待雨停后投喂。

## 八、水温调控与管理

水是黄鳝等鱼类生存的基础条件，水质调节与管理在黄鳝苗种培育中尤为重要，水温调节的核心内容就是防止培育池中的温度过高或过低而造成对黄鳝苗种生长的影响。鳝池应水源充足，水质优良。鳝苗喜生活在水质清爽且肥、活和溶氧量丰富的水环境。根据习性，25~28℃的池水温度最适合黄鳝苗种生长，但在炎热的酷暑，有时水温高达35~40℃，故要有调节遮阴、降低水温的措施。调节水温措施：一是保持适当的水深，一般鳝池水深保持在10厘米左右，经常换注新水，保持水质清新，同时可以降低水温。一般在春、秋季7天换水1次，夏季3天换水1次。高温季节可适当加深水位，但不要超过15厘米，因鳝苗伸出洞口觅食、呼吸，如水层过深，易消耗体力，影响生长。要经常清除杂物，调节水温。二是在池中种植一些遮阴水生植物，如水葫芦、水浮莲和水花生等，这样既可净化水质，又可使鳝苗有隐蔽歇阴的地方，有利于鳝苗的生长。三是在鳝池中放入较大的石块、树墩或瓦片，做成人工洞穴，以利于鳝苗栖息避暑，还可在鳝池周围栽些树木或在池边搭棚种藤蔓植物或种瓜搭架，遮挡强烈的阳光。

到了 11 月，长大的鳝苗随着温度降低，会钻入泥下穴中越冬。此时要做好幼鳝的越冬管理，冬季鳝种越冬时，要注意防寒、保暖。当水温下降到 10 ℃以下时，应将池水排干，但又要保持底泥有一定水分，并在上面覆盖 10 ~ 20 厘米厚的稻草或草包或其他杂草，使土温保持 0 ℃以上，这时也要小心，不要放太多太重的东西，以防重物压没洞穴气孔，从而导致黄鳝缺氧窒息；若是无土过冬则要把黄鳝用网箱放到深水（1 米左右），上面再加盖水花生 30 ~ 40 厘米，以免鳝体冻伤或死亡，确保安全过冬。在北方下大雪结冰时，黄鳝种过冬可集中起来，搭个塑料薄膜大棚，不结冰就行。另外，注意在换水时水温差应控制 3 ℃以内，否则黄鳝会因温度骤降而死亡。

## 九、水质调节

清爽新鲜的水质有利于黄鳝苗种的摄食、活动和栖息，浑浊变质的水体不利于苗种生长发育。黄鳝苗种培育池要求水质“肥、活、嫩、爽”，水中溶解氧不得低于 3 毫克/升，最好在 5 毫克/升左右。由于鳝池的水比较浅，一般有土的只保持在 30 厘米左右，无土的水位在 80 厘米左右。饲料的蛋白质含量高，水质容易腐败变质，不利于黄鳝摄食生长。

培育黄鳝苗种要坚持早、中、晚各巡塘 1 次，检查苗种生长生活状态，清除剩饵等污物。每当天气由晴转雨或雨转晴，或天气闷热时，或当水质严重恶化时，鳝前半身直立水中，将口露出水面呼吸空气，俗称“打桩”，这是水体缺氧之故。发现这种情况，必须及时加注新水解救。如果对气候了解有把握的情况下，凡在这种天气的前夕，都应灌注新水。

水质调节的主要内容：一是要使池水保持适量的肥度，能提供适量的饲料生物，有利于生长。二是为了防止水质恶化，调节水的新鲜度，一般每天先将老水、浑浊的水适时换出，再注入部分新鲜水；在生长季节每 10 ~ 15 天换水 1 次，每次换水量为池水总量的 1/3 ~ 1/2，盛夏时节（7—8 月）要求每周换水 2 ~ 3 次，要每天捞掉残饵。三是适时用药物，如用生石灰等调节水质。四是用种植水生植物来调节水质。五是在后期的饲养过程中，由于排泄量太大，不但采用长流水还要经常泼洒 EM 菌液，才能营造出一个水质优良的环境。

## 十、防治病害

### 1. 防治疾病

黄鳝在天然水域中较少生病，随着人工饲养，密度加大，病害增多。因此，在黄鳝苗种的培育过程中，要经常检查苗种健康状况，做好防治工作，还要驱除池中敌害生物。刚孵出的鳝苗，卵黄囊尚未完全消失，处于水质不良的状况下容易发生水霉病。黄鳝苗种在培育过程中，若遇到互相咬伤或敌害生物的侵袭而形成的伤口，也易染上水霉病。防治方法是，在低温季节发病时，可用漂白粉治疗，每立方米水体用食盐或小苏打各 400 克，溶化后全池遍洒，或定期浸洗病鳝苗，效果也较为理想。

黄鳝在水中生活，发病初期不易觉察，等到能看清时，其病情已经比较严重了，因此，对黄鳝的病害要主动采取措施，以防为主；无病先预防，有病赶紧治。首先是在培育过程中做好养殖环境的定期消毒工作，在养殖过程中有黄鳝的自身排泄污染，还有外界的多方污染，使水环境不断出现水质恶化，因此要定期消毒。每月用生石灰化水泼洒 1 次，每立方米用 30 ~ 40 克。在养殖过程中的发病季节，还要用相应的药物定期化水泼洒消毒。其次是对养鳝中所用的工具要定期消毒，每周 2 ~ 3 次。用 5% 的食盐水浸洗 30 分钟；或用 5% 的漂白粉溶液浸洗 20 分钟。发病池的用具要单独使用，或经严格消毒后使用。

2. 防止其他动物危害

对黄鳝危害较大的是老鼠，网箱养殖时老鼠经常咬箱咬鳝。咬伤鳝体，鳝易感染生病，咬破网箱，鳝易逃跑。冬季池塘或网箱中的冬眠鳝，鳝体不活跃，老鼠咬了大鳝尚可救治，咬了小鳝种几乎没有活命的可能。此时，应特别注意防止老鼠危害。另外，养鳝池池水较浅，蛇、鸟和牲畜、家禽容易猎食，应采取相应措施予以预防。

### 十一、防黄鳝逃跑

在黄鳝苗种培育过程中，如果措施不力也会发生黄鳝大量逃跑的情况，从而给苗种培育带来影响。从生产实践中的经验来看，黄鳝逃跑的途径主要有：一是连续下雨，池水上涨，随溢水外逃；二是排水孔拦鳝设备损坏，从中潜逃；三是从池壁、池底裂缝中逃遁。因此，要经常检查水位、池底裂缝及排水孔的拦鳝设备，及时修好池壁。网箱养鳝时箱衣要露出水面 40 厘米，冬季至少 20 厘米。箱衣露出太少黄鳝可顺着箱沿逃跑。另外，网箱养鳝在箱水平面最易被老鼠咬洞，只要有洞，黄鳝就会接二连三地逃跑，因此，需要不断检查，及时补好洞口，并想办法消灭老鼠，堵塞黄鳝逃跑的途径。

## 第四节　野生黄鳝苗种的驯养和雄化技术

### 一、野生黄鳝苗种的驯养

1. 驯养的意义

野生黄鳝苗种是许多黄鳝养殖户在人工繁殖苗种不足以进行养殖时而采取的一个重要的补充来源，它具有野性十足、摄食旺盛、抗病力强的优点，尤其是喜欢捕食天然水域中的活饵料。由于野生黄鳝苗种不适应人工饲养的环境，一般不肯吃人工投喂的饲料，必须经过一段驯饲过程，否则会导致养殖失败。对于小规模低密度时，可以通过投喂蚯蚓、小杂鱼、河蚌、螺类、昆虫等新鲜活饵料来达到养殖目的，不需要过多地进行驯养。但是在进行大规模人工养殖时，再用一些小杂鱼、河蚌等饵料来投喂，显然就有明显的弊病，如饵料难以长期稳定供应、饵料系数高等。因此，必须对它们进行人工驯养，让它们适应黄鳝专用的人工配合饲料，从而达到大规模养殖的目的。这些专用饲料，具有摄食率高、增重快、饵料系数低等优点。

2. 驯养前的准备工作

这种准备工作主要是饲料的准备及为饲料服务的配套设施。饲料的准备包括收购的鲜活河蚌，置于池塘暂养储存，由于河蚌的出肉率高，野生黄鳝喜食，所以可以用来作为驯饵的主要饲料；另外就是黄鳝专用配合饵料，这是在黄鳝经驯饵成功后的主要饲料，也是后期黄鳝生长的保证。相应的为饲料服务的配套设施有冷柜、绞肉机和电机等。其中，冷柜是用来处理和储存蚌肉的，河蚌肉使用前，先进行冷冻处理，这样便于绞肉机的工作，对于已经绞好的蚌肉，如果一时用不完，也可以用冷柜进行保存。绞肉机和 1 台 1.5 千瓦单相电机则是为了绞肉服务的。

3. 驯饵的配制

在野生鳝苗捕捉入池后，前 1 ~ 2 天暂不投饲，先将池水排干，加入新水，待鳝处于饥饿状态时，即可在晚上进行驯食。一般在鳝苗入池的第 3 天就应开始进行驯食工作，先用黄鳝喜食的动物性饵料投喂，可选用新鲜蚯蚓、螺蚌肉、蚕蛹、蝇蛆、煮熟的动物内脏和血粉、鱼粉、蛙肉等，经冷冻处理后，用绞肉机加 6 ~ 7 毫米模孔加工成肉糜。将肉糜加清水混合，然后均匀泼洒。

每天下午 5—7 点投喂 1 次，投喂量控制在黄鳝体重总量的 1% 范围内。这种投喂量远低于黄鳝饱食量，因此，黄鳝始终处于饥饿状态，以便于建立黄鳝群体集中摄食条件反射。

3 天后，开始慢慢驯食专用配合饵料。由于饲料厂生产的专用饲料不能直接投喂，必须先进行调制，用黄鳝专用饲料 35% 加入新鲜河蚌肉浆 65%（3 ~ 4 毫米绞肉机加工而成）和适量的黄鳝消化功能促进剂，手工或用搅拌机充分拌和成面团状。然后用 3 ~ 4 毫米模孔绞肉机压制成直径 3 ~ 4 毫米、长 3 ~ 4 毫米的软条形饵料，略为风干即可投喂。5 天后调整配方，将专用配合饲料的含量提高 10% 左右，同时将蚌肉浆的含量下降 10% 左右，就这样慢慢地增加专用饲料的比例，直到最后让野生黄鳝完全适应专用配合饲料。

4. 驯养方法

为了达到驯养的目的，在野生黄鳝开始投喂时，千万不能投喂得过饱，只能让它处于六成饱的状态。3 天后，观察到黄鳝适应池塘环境而摄食旺盛但一直处于半饥半饱状态时，这时用添加专用配合饲料和蚌肉浆的混合饵料来投喂黄鳝，同时将全池泼洒投喂改为定点投喂。一般每 20 平方米设 4 ~ 6 个点，继续投喂 5 天，投喂量仍为 1%，此时黄鳝已基本能在 3 分钟内吃完。再过 5 天改投新配制的人工配合饵料，每天下午 5—7 点投喂 1 次，投喂时直接撒入定点投喂区域，投喂量可以提高为鳝苗体重的 1.5% ~ 2.0%，以 15 分钟内吃完为度，从而提高饵料利用率。

由于黄鳝习惯在晚上吃食，因此，驯饲多在晚上进行。待驯饲成功后，慢慢把每天投饲时间向前推移，逐渐移到上午 8—9 点、下午 2—3 点各投饲 1 次。至此这才算是人工驯养完全成功。

通过这样的驯食，一般在 1 个月内就可以让野生黄鳝完全适应专用配合饵料的投喂，而且配制饵料的投喂效果极为理想。实践表明，在有土的规模养殖中，饵料系数为 3；在无土流水工厂化养殖中，饵料系数可降到2.0~2.5。

由于黄鳝对食物有严格的选择性，对某种食物形成适应后，就不能改变食性，因此，在苗种培育过程中，进行多次、广谱的驯食工作是非常重要的。

## 二、黄鳝的雄化技术

黄鳝的雄化技术也叫性别控制技术，就是人为地对黄鳝进行控制性别的一种方法。一般利用性激素就能诱导黄鳝的性别向人们希望的方向发展。控制性别的技术在国外已有很多年的发展，技术上已经十分成熟，但在国内该技术仅停留在实验室水平上，生产上尚无有关的报道，并且国家相应的标准尚未完善。目前我国黄鳝养殖在雄化技术方面仅仅是生产实践上的应用，在理论上并没有太多的报道，只是人们发现，经过用雄性激素甲睾酮（甲基睾丸素）处理的黄鳝鱼苗，可获得99%以上的雄性鳝。经过处理后的黄鳝因性别单一、密度固定，不仅生长快，而且成本低，一般可增产30%左右。这对于生产养殖是非常有好处的，因此，目前在黄鳝养殖上虽是一种新兴技术，却也是很有潜力的技术。

### 1. 黄鳝的性逆转特性决定了雄化的可能性

黄鳝每年5—8月，雌雄交配产卵，产卵时间较长；6月开始孵化到9月；7—10月鳝苗发育生长，10月生长发育到第2年2月间，仔鳝长成幼鳝并越冬；第2年2—5月成鳝生长发育，开始第1次性成熟为雌鳝，5月以后进入交配产卵；产卵后的雌鳝从7月到第3年4月间继续生长发育，卵巢渐变为精巢，到第3年5月以后第2次性成熟为雄鳝，以后终身为雄鳝将不再变性。这就是黄鳝具有的性逆转特性。

### 2. 雄化的意义

由于黄鳝在较小阶段时为雌性，而雌鳝为了完成传宗接代的任务，会加快它的性腺发育，从而导致它摄取的营养有相当一部分是用于性腺发育的，因此，生长的速度就慢，长的个头就小，养殖户的收益也少。如果采取相应的技术手段，对它们进行雄化育苗，则可明显加快生长速度，提高增重率。实践表明，黄鳝在雌性阶段生长速度只有逆变成雄性阶段的30%左右，也就是雄黄鳝的生长速度及增重率比雌性提高1倍以上。因此，在生长较慢的鳝苗阶段喂服甲睾酮（甲基睾丸素），使其提前雄化，可较大幅度提高黄鳝养殖产量，取得良好的经济效益。

3. *雄化对象*

适宜进行黄鳝苗种雄化的对象还是有讲究的。第1种是以专育的优良品种为佳，在鳝苗卵黄囊消失的夏花苗阶段施药效果最好，这时雄化周期最短，效果最明显。第2种是个体单重达20克时的幼苗期开始雄化效果也不错，但用药时间要长一些，比第1种来说效果要略差一点。第3种是如果已经丧失了最佳的雄化时期时，也有补救措施，就是当黄鳝体重达到50克以上即已经达到青年期时，这时的黄鳝也可以进行雄化，但是雄化的时间与前2种有一点差别，通常是在入秋时才能进行，而且在开春以后还要用药10天左右，效果才明显。第4种是有部分科研人员和养殖户也对体重达100克以上的黄鳝施药，加速向雄性逆转，但是我们认为这个时期的黄鳝并不是最好的雄化对象，因为一方面100克以上的黄鳝在许多地方已经可以食用了，不必要承担喂药的风险，另一方面这种规格的黄鳝都会处于产卵盛期，而产卵期是不宜施药的，所以效果并不好。

4. *施药方法*

根据黄鳝苗种不同的生长阶段而采取不同的施药方法。对于黄鳝夏花苗种阶段进行施药雄化时，在施药前先对黄鳝苗种作健康检查，然后放干池水，再注入新水，接着2天不投食，先让黄鳝饥饿一段时间。到了第3天开始投喂，主要是喂给熟蛋黄，先

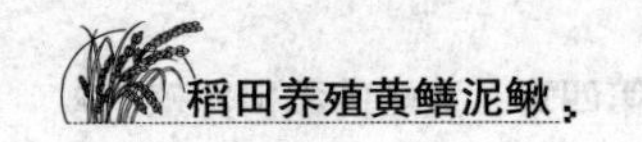


将鸡蛋剥开去掉蛋白，取其中的蛋黄并调成糊状，按每 2 只蛋黄加入含雄性激素的甲睾酮（甲基睾丸素）1 毫克的酒精溶液 25 毫升，充分搅匀后均匀泼洒投喂黄鳝，投喂量以不过剩为准，投药期食台面积应比平时要大些，以免争食不均。连续投喂 1 周后，改喂蚯蚓磨成的肉浆，同时加入药物，此时用药量增加到每 50 克蚯蚓用 2 毫克甲睾酮，在添加蚯蚓肉浆前先用 5 毫升酒精将甲睾酮充分溶解并搅拌均匀，连续投喂 15 天后停药，这时基本上就可以达到雌性雄化的目的了。经此夏花施药雄化处理后的黄鳝，一般就不会再有雌性状态出现了。为了保险起见，在生长一段时间后，当黄鳝个体增重至 8～10 克时，再按上面的方法和药物剂量继续施药 15 天，效果就非常明显了。

如果错过了夏花苗种阶段，还有一个雄化的时期，那就是当黄鳝个体体重达 15 克以上时，雄化技术与前文的基本相同，只是用药量和投喂时间有所不同。这时的用药量为 500 克活蚯蚓拌甲睾酮 3 克，而且需要连续投喂 1 个月才能达到完全雄化的效果。

5. 加强管理

第一，为了确保黄鳝的安全和雄化效果，在雄化期间池内不宜施用消毒剂，但为了保证水质的优良，此时可施用生石灰，施药浓度为春、秋季 5～10 毫克/升，夏季 10～20 毫克/升。

第二，甲睾酮是一种性刺激激素，用药量开始时不宜过大，可逐步增加到允许的添加量范围内。

第三，黄鳝养殖使用甲睾酮，在社会上可能有一些不同的见解。为了消除人们对此的不正确认识，也是为了保证食品的安全，在个体体重达 100 克以上的就尽量不要用药了，而且在捕捉期的前 2 个月一定要停药观察，所有的用药时间和用药浓度必须保留档案。

第四，经雄化的良种鳝食量大为增加，此时的投食量应相应增大，投食量可达到黄鳝体重的10%甚至更高，7个月可催肥出售。因增重速度快，鳝体提早雄健粗壮，从而提高了抗病力，可加大放养密度。所以雄化育苗也是黄鳝人工密养的有效措施之一。

第五，要注意不同的饵料，它们对黄鳝的生长还是有明显差别的，主要体现在饲料转化率及增重率显著提高的范围有一定差异，例如，3千克‘大平2号’鲜蚯蚓可增重0.5千克鳝肉；2千克黄粉虫可增重1千克鳝肉。

## 第五节 稻田养殖黄鳝

### 一、稻田的选择

选择通风、透光、地势低洼、水源充足、进排水方便、耕作土层浅、底土结实肥沃、土壤保水保肥性能良好的中稻田，能确保天旱不干涸、洪涝不泛滥，面积不超过5亩为宜。

### 二、做好田间工程

一是在秧苗移栽前将田块四周加高，达到不渗水漏水，使其高出田基20～30厘米；二是在田块四周内挖一套围沟，其宽5米、深1米；三是在田内开挖多条“弓”或“田”字形水沟，宽50厘米、深30厘米，并与四周环沟相通，以利于高温季节黄鳝打洞、栖息，所有沟溜必须相通，水沟占稻田面积的20%左右。开沟挖溜在插秧后，可把秧苗移栽到沟溜边。池四周栽上占地面积约1/4的水花生作为黄鳝栖息场所。

## 三、做好防逃措施

一是做好进排水系统，并在进排水口处安装坚固的拦鳝设施，用密眼铁丝网罩好，以防逃鳝。二是稻田四周最好构筑50厘米左右的防逃设施，可以考虑用水泥板（70厘米×40厘米）衔接围砌，水泥板与地面成90°角，下部插入泥土中20厘米左右。如果是粗养，只需加高加宽田埂注意防逃即可。三是简易防逃设施的建造方法，将稻田田埂加宽至1米，高出水面0.5米以上，在硬壁及田边底交接处用油毡纸铺垫，上压泥土，与田土连成一片，这种设施造价低，防逃效果好。四是在田埂四周内侧深埋（直到硬土层下5厘米）石棉瓦或硬塑薄膜，出土40厘米，围成向内略倾斜的围墙。

## 四、肥料的施用

稻田养殖黄鳝采取“以基肥为主、追肥为辅；以有机肥为主，无机肥为辅”的施肥原则。基肥以有机肥为主，于平田前施入，按稻田常用量施入农家肥；追肥以无机肥为主，禾苗返青后至中耕前追施尿素和钾肥各1次，每平方米田块用量为尿素3克、钾肥7克。抽穗开花前追施人畜粪1次，每平方米用量为猪粪1千克、人粪0.5千克。为避免禾苗疯长和烧苗，人畜粪的有形成分主要施于围沟靠田埂边及溜沟中，并使之与沟底淤泥混合。身苗的移栽适期为6月中旬，一般在身苗移栽1周、田内水质稳定后即可投放鳝种。

## 五、苗种的投放

### 1. 苗种来源

苗种尽可能是自己或委托别人用鳝笼捕捞的，对于每一批投放的鳝苗一定要保证是鳝笼刚刚捕捞的野生苗，包括到市场上收购的，更要保证做到鳝苗无病无伤。电捕和毒捕的坚决不能作为鳝种投放。

2. 苗种放养

鳝种的投放时间集中在4月中下旬一次性放足，鳝种的投放要求规格大而整齐、体质健壮、无病无伤，由于野生黄鳝驯养较难，最好选择人工培育的优良鳝种，如深黄大斑鳝等。鳝种的投放要力争在1周内完成。稻田放养的黄鳝规格以5～30厘米为好。放养密度一般为每亩500尾，如果饵源充足、水质条件好、养殖技术强，可以增加到700尾。鳝种入田前用3%～5%的食盐水浸泡10～15分钟消毒体表或用5毫克/升的福尔马林药浴5分钟，杀灭水霉菌及体表寄生虫，防止鳝种带病入田。

由于黄鳝有自相残食的习性，一般每个养殖单位最少要有3块独立的鳝池（稻田），把不同规格的鳝种分开饲养。根据鳝种的不同规格，一般放养量在1～2千克/平方米，小的少放，大的可适当多放些。放养时间可在栽秧前，也可在栽秧后，最好能在栽秧前放入，但栽秧时一定要尽量避免对鳝种造成一些不必要的机械损伤和化肥农药中毒。

## 六、田水的管理

稻田水域是水稻和黄鳝共同的生活环境，稻田养鳝，水的管理主要依据水稻的生产需要兼顾黄鳝的生活习性，多采取“前期水田为主，多次晒田，后期干干湿湿灌溉法”。盛夏加足水位到15厘米；坚持每周换水1次，换水5厘米；在换水后5天，每亩用生石灰化浆后趁热全田均匀泼洒；8月下旬开始晒田，晒田时降低水位到田面以下3～5厘米，然后再灌水至正常水位；从水稻拔节孕穗期开始至乳熟期，保持水深5～8厘米，往后灌水与露田交替进行，直到10月中旬；露田期间要经常检查进出水口，严防水口堵塞和黄鳝外逃；雨季来到时，要做好平水缺口的管理工作。

## 七、科学投饵

1. 饲料种类

黄鳝为肉食性鱼类，主要饲料有小杂鱼、小虾、螺、蚌、蚯蚓、蚬肉、蝇蛆、鲜蚕蛹、切碎的禽畜内脏及下脚料。可适当搭配麦芽、豆饼、豆渣、麸皮、发酵酸化的瓜果皮，还可适当投喂混合饲料。在这些饲料中，以蚯蚓、蝇蛆为最适口饲料。还可以在稻田中装 30 ~ 40 瓦黑光灯或日光灯引诱昆虫喂食黄鳝。

2. 投喂方法及数量

在黄鳝进入稻田后，先让其饥饿 2 ~ 3 天再投饵，投喂饲料要坚持“四定”的原则。

定点：饵料主要定点投放在田内的围沟和腰沟内，每亩田可设投饵点 5 ~ 6 处，会使黄鳝形成条件反射，集群摄食。

定时：因为黄鳝有昼伏夜出的特点，所以投饲时间最好掌握在下午 5—6 点就可以了，对于稻田养殖黄鳝时，也不一定非得驯食在白天投喂。

定量：投喂时一定要根据天气、水温及残饵的多少灵活掌握投饵量，一般为黄鳝总体重的 2% ~ 4%。如投喂太多，则会胀死黄鳝，污染水质；投喂太少，则会影响黄鳝的生长。当气温低、气压低时少投；天气晴好，气温高时多投，以第 2 天早上不留残饵为准。10 月下旬以后由于温度下降，黄鳝基本不摄食，应停止投饵。

定质：饵料以动物性蛋白饲料为主，力求新鲜不霉变。小规模养殖时，可以采取培育蚯蚓、豆腐渣育虫、利用稻田光热资源培育枝角类等活饵喂鳝。稻田还可就地收集和培养活饵料，例如，可采取沤肥育蛆的方法来解决部分饵料，效果很好。方法：用塑料大盆 2 ~ 3 个，盛装人粪、熟猪血等，置于稻田中，会有苍蝇产卵，蝇蛆长大后会爬出落入水中供黄鳝食用。

## 八、科学防病

1. 对水稻的用药

稻田养鳝，黄鳝能摄食部分田间小型昆虫（包括水稻害虫），故虫害较少，须用药防治的主要稻病为穗颈瘟病、纹枯病和白叶枯病。防治病虫害时，应选择高效低毒浓药如井冈霉素、杀虫双、三环唑等。喷药时，喷头向上对准叶面喷施，并采取加高水位，降低药物浓度，或降低水位，只保留鱼沟、鱼溜有水的办法，防止农药对黄鳝产生不良影响。

2. 对鳝的预防治

黄鳝一旦发病，将钻入泥中，不吃不动，给治疗带来一定难度，所以平时的预防更为重要。

①在黄鳝入田时要严格进行稻田、鳝种消毒，杜绝病原菌入田。

②在鳝种搬动、放养过程中，不要用干燥、粗糙的工具，保持鳝体湿润，防止损伤，若发现病鳝，要及时捞出、隔离，防止疾病传播，并请技术人员或有经验的人员诊断、治疗。

③对黄鳝的疾病以预防为主，一旦发现病害，立即诊断病因，辨证施治，科学用药。

④定期防病治病，每半月1次，用生石灰或漂白粉泼洒四周环沟，或定期用漂白粉或生石灰等消毒田间沟，以预防鳝病。a. 生石灰挂篓，每次2~3千克，分3~4个点挂于沟中；b. 用漂白粉0.3~0.4千克，分2~3处挂袋。

⑤定期使用呋喃唑酮（痢特灵）或鱼血散等内服药拌饲投喂，每50千克鳝鱼用2克拌饵投喂，可有效防治肠炎等病。

⑥坚持防重于治的原则，管理好水质也是防止疾病发生的重要手段。鳝池水浅，要常换新水，保持水质清新，每天吃剩的残饵要及时捞走，保持水质“肥、活、嫩、爽”。

## 九、捕鳝上市

稻田养鳝的成鳝捕捞时间一般在10月下旬—11月中旬，尤其是在元旦、春节期间销售的市场最好、价格最高，捕捞也多在这时进行。黄鳝捕获方法很多，可因地制宜采取相应捕获措施。

①捕捉时，先慢慢排干田中的积水，并用流水刺激，在鳝沟处用网具捕获，经过几次操作基本上可以捕完90%以上的成鳝；②用稻草扎成草把放在田中，将猪血放入草把内，第二天清晨可用抄网在草把下抄捕；③用细密网捕捞；④放干田水人工干捕，当然干捕时黄鳝极易打洞，这时配合挖捕可基本上捕完黄鳝，挖捕时只需用铁制的小三股叉就可挖出，从稻田一角开始翻土，挖取黄鳝。不管是网捞还是挖取，都尽量不要让鳝体受伤，以免降低商品价值。

由于黄鳝身体无鳞，且有黏液、很滑，因此，黄鳝的捕捞不仅仅是一项技术活，有时也是一项乐趣横生的活动。我们要根据具体的情况采取相应的捕捞方式，通常有效的捕捞方法有如下几种。

### 1. 排水翻捕

在捕捞前先要把田间沟里的水排干，然后从稻田的一角开始逐块翻动泥土，一定要注意的是不要用铁锹翻土，最好用木耙慢慢翻动，再用网兜捞取，尽量不要让鳝体受伤，这种方式的起捕率是最高的，一般可高达98%以上。若留待春节前后出售，可将田间沟里的水放干后，在泥土上覆盖稻草，以免结冰而使黄鳝冻伤、冻死，到春节前后翻泥捕捉即可。

### 2. 网片诱捕

这种方法是利用黄鳝摄食的特性来捕捞的，适用于稻田养殖黄鳝的捕捞。先用2～4平方米的网片（或用“夏花”鳝种网片）做成一个兜底形的网，放在水中，在网片的正中心放上黄鳝喜食的饵料，可用诱食性强的蚯蚓等饵料。随后盖上芦席或草包沉入水底，半小时左右，将四角迅速提起，掀开芦席或草包，便可收捕大量黄鳝，这些黄鳝会自动聚集在兜底，经过多次的诱捕后，起捕率高达 80%~90%。

3. 鳝笼网捕

一般家庭养鳝可采用笼捕法，此方法操作简便、效果好。捕鳝的笼用竹篾编织而成，鳝笼呈“人”字形或“L”字形，由 2 节用细竹丝编扎而成的笼子连接制成。每节竹笼长 30 厘米、粗 10 厘米。其中一节竹笼的一端有一个直径约 3 厘米的进口，只能供鳝进而不能出；另一端有一个同样大小的出口，与另一节竹笼连通。第 2 节竹笼顶端装有盖子，用于投放诱饵和取鳝。在 20~30 个竹笼中分别放入一些猪骨头、动物内脏，笼头盖好倒须，笼尾用绳拴牢。捕捞一般在晚上进行，傍晚时，在笼里放入黄鳝喜食的鲜虾、小鱼、猪肝、蚯蚓等饵料，然后将笼放入稻田里，晚上 7—8 点放笼。黄鳝夜间觅食时，嗅到食物，便从笼头口往竹笼内钻，当它饱餐一顿后想走时，因笼头口有倒须便会再也出不来了。次日凌晨收笼时，一般笼内都有黄鳝，解开笼尾的绳子或取掉笼头的倒须，将黄鳝倒入笆笼内。如果稻田里的黄鳝密度很大而且笼子又多的话，可以大约隔 2 小时，来提取笼中的黄鳝，规格小的自然掉入池中，规格大的能达到上市规格的黄鳝就会被捕捉上来。这种方式既能达到捕起商品黄鳝的目的，又不影响小鳝的生长。经过多次捕捞，一般可捕获 70%~80%。这种竹笼捉黄鳝的方法只适用于春、夏、秋三季，冬季则不适用。

4. 草垫诱捕

初冬或晚秋放掉田间沟里的水之前，做好诱捕准备的工作，将较厚的新草垫或草包用 5% 的生石灰溶液浸泡 23 小时消毒处理后，再用 2% 的漂白粉溶液冲洗除碱，晾置 2 天后备用。先将草垫铺在田间沟泥上，再撒上厚约 5 厘米的消毒稻草、麦秆，然后铺上草垫，再撒上一层约 10 厘米的干稻草。当水温降至 13 ℃以下时，逐步放水至 6 ~ 10 厘米深，水温降至6 ~ 10 ℃时，再于泥沟中加盖一层厚约 20 厘米的稻草，温度明显下降时，彻底放掉田间沟里的水，此时由于稻草的逆温效应，温度偏高于泥层，黄鳝就会进入下层草垫下或两层草垫之间。此方法适用于大批量捕捞黄鳝。

5. 扎草堆捕鳝

用水花生或野杂草堆成小堆，放在田间沟的两侧，过 3 ~ 4 天后用网片将草堆围在网内，把两端拉紧，使黄鳝逃不出去，将网中草捞出，黄鳝即落在网中。草捞出后，仍堆放成小堆，以便继续诱黄鳝入草堆然后捕捞。这种方法在刚下过雨后使用效果更佳。

6. 幼鳝捕捉

有时为了出售鳝苗或者将稻田里饲养的幼鳝转移到别的稻田里，这时就需要将幼鳝捕捞出来。这时可用丝瓜筋来营造黄鳝的巢穴，每平方米可以放 3 ~ 4 个干枯的丝瓜筋，过一会儿幼鳝就会自动钻进去，用密眼网或其他较密的容器装丝瓜筋，就可把幼鳝捕捉起来了。

# 第五章 泥鳅的稻田养殖

## 第一节 鳅苗的培育

鳅苗培育和鳅种培育是两个概念。鳅苗培育是指将泥鳅 5~6 毫米的夏花经过 20 天左右的饲养，将它们培育到体长 2~3 厘米左右，供培育鳅种用。鳅种培育是指将经过培育的体长达 3 厘米左右的泥鳅培养成 5~6 厘米，供成鳅放养用。

### 一、苗种培育的意义

利用专门的培育池对泥鳅进行苗种培育，主要是为了提高苗种的成活率，为成鳅的养殖提供更多更好的符合要求的苗种。

有好多泥鳅养殖者都有这样的经验，无论是购买的野生鳅苗种还是人工繁殖的鳅苗种，有时在放养的 1 周内会发生大批死亡的现象，从而导致养殖户的重大损失。根据养殖户反馈的信息，这些苗种的死亡很有规律，就是较小和较大的苗种特别容易死亡，而处于中间的那些苗种则活得好好的，具体规格是体长 1.5~2.5 厘米的小鳅苗死亡较少；体长 3~5 厘米的中等鳅种，放养后几乎没有死亡，显示出了强大的生命力；而体长 8 厘米的大鳅种，放养后也会有部分死亡，尤其是放养操作不当时，死亡会更多。

经过多位专家的分析认为，这种死亡是与泥鳅苗种特有的习性相关的，这也就是为什么要进行苗种培育的重要原因了。体长

1.5～2.5厘米的小鳅苗，由于它们刚完成体形结构的变态发育，卵黄囊消失后，它们的营养由外来的食物进行补充，也就是说小泥鳅进入了食性的转变阶段，这时它们对外界环境的适应能力还比较差，摄食能力也比较差，如果这时候出塘放养，一方面是不能充分捕食水体中的营养，另一方面也不能有效地抵御敌害生物的侵袭，容易引起大量死亡；体长3～5厘米的中等规格鳅种，对外界环境的适应能力已明显加强，已能适应人工饲料，这种规格的鳅种已具钻泥习性，但钻泥不深，容易起捕，这时出塘放养比较理想；体长8厘米的大鳅种，对外界的适应能力很强，但是活动能力也很强，受惊吓后会钻入较深的泥土层，给起捕出塘造成了困难，且捕捞过程中极易受伤，受伤后又易感染细菌而生病死亡。因此，体长3～5厘米苗种，放养效果最好，成活率高，且比较大规格的鳅种还要便宜、实惠。

## 二、苗种培育场地的选择

泥鳅的苗种培育场所应选择在水源充足、排水方便、能自灌自排、水质清新良好、无污染、避风向阳、阳光充足、环境安静、交通便利、供电正常的地方，池底土以黏土带腐殖质为最好，不宜使用沙质底土。

最好采用专用泥鳅苗培育池，也可采用稻田里开挖的鱼沟、鱼溜或利用利用孵化池、孵化槽、产卵池及家鱼苗种池进行鳅苗培育。

稻田挖好田间沟后应把沟壁和沟底夯实，以防渗漏。泥鳅善钻洞逃逸，因而用来培育泥鳅苗种的田间沟面积要小些，池面200～300平方米，不宜超过500平方米，沟深60～90厘米。沟底铺30厘米左右的厚塘泥，培肥水质。田间沟中投放浮萍，覆盖面积约占总面积的1/4。

## 三、培育池的修建

1. 防逃设施

土池的四周可用水泥板（50 厘米 ×50 厘米）做护坡，用铁丝网、塑料板、瓷板或尼龙网防逃，以防蛇、鼠等敌害进入养殖区。进排水口用 120 目网布包裹，防止泥鳅逃跑及敌害生物和野杂鱼卵、苗种进入池塘。

2. 进排水设施

进排水口呈对角线设置，进水口高出水面 20 厘米，排水口设在鱼溜底部，并用 PVC 管接上以高出水面 30 厘米，排水时可通过调节 PVC 管高度任意调节水位，进排水口要筑防逃设施。

3. 鱼溜

为方便捕捞，池中应设置与排水底口相连的鱼溜，也就是收集泥鳅的坑，面积约为池底面积的 5%，比池底深 30 ~ 50 厘米，鱼溜四壁可用木板围住，目的是不被淤泥掩埋。

## 四、放养前准备

1. 清塘

放养鱼苗前对土池须进行清塘处理，可以杀灭潜伏的细菌性病原体、寄生虫、对鱼不利的水生生物（青泥苔、水草）、水生昆虫和蝌蚪等敌害生物，减少鱼苗病虫害的发生和敌害生物的伤害。

池塘堤埂必须坚实，无渗漏缝眼，以防止幼苗逃出或其他鱼苗窜入池内造成危害。土池清塘前必须先修整池塘，在泥鳅放养前半个月，翻耕并清除过多淤泥，池底推平，夯实堤壁，修补裂缝，察洞堵漏，随后阳光曝晒 1 周。清塘时按 60 ~ 75 千克/亩的生石灰分放入小坑中，注水溶化成石灰浆水，将其均匀泼洒全池，再将石灰浆水与泥浆搅匀混合，以增强效果，次日注入新水，7 ~ 10 天后即可放养泥鳅。用生石灰清塘，可清除病原菌和敌害，减少疾病，还有澄清池水、增加池底通气条件、稳定水中酸碱度和改良土壤的作用。

用生石灰、漂白粉交替清塘（每亩用生石灰 75 千克，漂白粉 6 ~ 7 千克）比单独使用漂白粉或生石灰清塘效果好。

2. 培肥水质

清塘后 1 个星期注入新水，注入的新水要过滤，加水至 30 厘米深时，施基肥来培养饵料生物，每 10 立方米水体施入发酵鸡粪 3 千克或猪粪、牛粪、人粪 5 千克，也可以每立方米水体施入氮肥 7 克、磷肥 1 克。

鳅苗下水以前必须先用 10 来尾鳅苗试水，证实池水毒性完全消失后、透明度 15 ~ 20 厘米、水色变绿变浓后才能投放鳅苗。

## 五、鳅苗放养

1. 鳅苗来源

鳅苗来源于国家级、省级良种场或专业性鱼类繁育场。外购鳅苗应检疫合格。

2. 鳅苗的质量

鳅苗质量的优劣可以从以下几方面来判别：①了解该批鳅苗繁殖中的受精率、孵化率。一般受精率、孵化率高的批次，鳅苗体质较好；受精率、孵化率较低的批次，鳅苗的体质也就弱一些，培育时的死亡率也会高一些。②从鳅苗的体色与体型上来看，好的鳅苗体色鲜嫩，体形匀称、肥满，大小一致，游动活泼有精神；而体质较弱的鳅苗体色暗淡，体型较小、嘴尖、瘦弱，活动无力，常常靠边游动。③人为检查，就是在孵化池中取少量鳅苗，放在白瓷盆中，盆中放孵化池里的水约 2 厘米，这时用嘴轻轻地吹动水面，观察鳅苗的游动情况，那些奋力顶风、逆水游动的，沥去水后仍在盆底剧烈挣扎、头尾弯曲厉害的，它们的活力就强，是优质苗；随水波被吹至盆边盆底，挣扎力度弱或仅以头、尾略扭动的则是劣质鳅苗。

3. 放苗前的处理

并不是鳅苗一孵化出后就能立即下塘的，根据鳅苗的特性，鳅苗出膜第 2 天便开口进食，饲养 3 ~ 5 天，体长 7 毫米左右，此时卵黄囊消失了，它们必须进食外源性营养。这时的鳅苗已经能自由平泳，此时可下池进入苗种培育阶段。鳅苗放养前，须先在同池网箱内暂养半天，并喂 1 ~ 2 只蛋黄浆。向网箱内放入鳅苗时，温差不超过 3 ℃，并须在网箱的上风头轻轻放入。经过暂养的鳅苗方可放入池塘，以提高放养的成活率。

4. 放苗时间

泥鳅苗下塘时间为每年 5 月，放苗以上午 8—9 点或下午 4—5 点为宜，避免中午放苗。同一池应放同一批相同规格的鳅苗，以防大鳅吃小鳅，确保苗种均衡生长和提高成活率。

5. 放养量

鳅苗放养密度，在水深 30 厘米的静水池每平方米为 750 ~ 1000 尾。有半流水条件的（如孵化池、孵化槽等）每平方米可放养 1500 ~ 2000 尾。

6. 注意事项

放苗时盛苗容器内的水温与池水水温差距不能超过 3 ℃，如泥鳅苗种用尼龙袋充氧运输，则应在放苗下塘前作“缓苗”处理，将充氧尼龙袋置于池内 20 分钟，使充氧尼龙袋内外水温一致时，再把苗种缓缓放出。

## 六、鳅苗培育方法

1. 豆浆培育法

在水温 25 ℃左右时，将黄豆浸泡 5 ~ 7 小时（黄豆的 2 片子叶中间微凹时出浆率最高），然后磨成浆。一般每 1.5 千克黄豆可磨出25千克的豆浆。豆浆磨好后应立即滤出渣，及时泼洒。不可搁置太久，以防产生沉淀，影响效果。

鳅苗下塘后的最初几天，即鳅苗从内源性营养转换为外源性营养的过程中能否及时摄食到适口的饵料是决定鳅苗成活率的关键。豆浆可以直接被鱼苗摄食，但其大部分沉于池底作为肥料培养浮游动物。因此，豆浆最好采取少量多次均匀泼洒的方法，泼洒时要求池面每个角落都要泼到，以保证鳅苗吃食均匀。一般每天泼洒2～3次，泼浆时间为上午8—9点、下午4—5点各1次，每次每亩用黄豆3～4千克，5天后增至5千克。10天后鳅苗的投喂量视池塘水质情况适当增加。

豆浆培育鳅苗的方法简单，水质肥而稳定，夏花体质强壮，但消耗黄豆较多。一般育成全长30毫米左右的1万尾夏花，需消耗黄豆7～8千克。

2. 粪肥培育法

利用各种粪肥培育鱼苗时，最好预先经过发酵，滤去渣滓。这样既可以保证肥效快速、稳定，又能减少疾病的发生。

鱼苗下塘后应每天施肥1次，每亩50～100千克，将粪肥兑水向池中均匀泼洒。培育期间施肥量和间隙时间必须视水质、天气和鱼苗浮头情况灵活掌握。培育鳅苗的池塘，水色以褐绿和油绿为好，肥而带爽为宜，如水质过浓或鱼苗浮头时间长，则应适当减少施肥，并及时注水；如水质变黑或天气变化不正常时应特别注意，除及时注水外还应注意观察，防止泛池事故。

3. 有机肥料和豆浆混合培育法

这是一种将粪肥或大草和豆浆相结合的混合培育方法。其技术关键包括如下方面。

施足基肥：鳅苗下塘前5～7天，每亩施有机肥250～300千克，培育浮游生物。

泼洒豆浆：鳅苗下塘后每天每亩泼洒2～3千克黄豆磨成的

豆浆，下塘10天后鱼体长大需增投豆饼糊或其他精饲料。豆浆的泼洒量亦需相应增加。

适时追肥：一般每3～5天追施有机肥160～180千克。

此种方法的优点就是使鳅苗下塘后既有适口的天然饵料，同时又辅助投喂人工饲料，使鳅苗一直处于快速生长状态。在饲肥利用上亦比较合理与适量，方法灵活，便于掌握，成本适当，因而被各地普遍使用。

## 七、投喂饲料

除利用大豆、粪肥等进行培养天然饵料或直接投喂鳅苗外，还必须对下塘后的鳅苗进行科学投喂。

刚下池的鳅苗，对饲料有较强的选择性，因而需培育轮虫、小型浮游植物等适口饵料，用50目标准筛过滤后，沿池边投喂，并适当投喂熟蛋黄、鱼粉、奶粉、豆饼等精饲料，每天3～4次，每次每万尾投喂1/4个蛋黄。10天后鳅苗体长达到1厘米时，已可摄食水中昆虫、昆虫幼体和有机物碎屑等食物，可用煮熟的糠、麸、玉米粉、麦粉、豆浆等植物性饲料，拌和剁碎的鱼、虾、螺蚌肉等动物性饲料投喂，每日3～4次，也可继续肥水养殖。

当鳅苗养到1.5～2厘米时，它的呼吸逐步由鳃呼吸转为兼营肠呼吸，如果鳅苗吃食太饱，肠道充满食物，往往因呼吸不畅而造成鳅苗大批死亡，因此，要采取两段饲养法，前期采取肥水与投饵交叉的方法；后期则以肥水为主，适当投喂动物性饵料，以利其肠呼吸功能的形成。同时，在饲料中逐步增加配合饲料的比重，使之逐渐适应人工配合饲料。饲料应投放在离池底5厘米左右的食台上，切忌散投。初期日投饲量为鳅苗总体重的2%～5%，后期为8%～10%，日喂2次，每次投饵要使鳅种在1小时内吃完。泥鳅喜肥水，应及时追施肥料，可施鸡、鸭粪等有机肥，用编织袋装入浸于水中；还可追施化肥，水温较低时可施硝酸铵，水温较高时可施尿素。平时应做好水质管理，及时加注新水，调节水质。

## 八、水质管理

鳅苗下塘时，池水以 50 厘米为宜。要不断地调节水质，保持泥鳅养殖池水质良好的重要措施之一是加注新水。刚下池的鳅苗，池水通常保持在 40～50 厘米。鳅苗经过若干天饲养后，鳅体不断地长大，应每隔 5～7 天加注 1～2 次新水，每次加水 5 厘米左右，提高池塘水位。

注水的数量和次数，应根据具体情况灵活掌握，喂食前或喂食后 2～3 小时加水，加水前要清除池埂内侧的杂草，保持池塘水色“肥、活、嫩、爽”，水色以黄绿色为佳，透明度 20～30 厘米为佳。值得注意的是，每次加水时间不宜过长，以防鳅苗长时间戏水而消耗体质。

增加池水的溶氧量，促使鳅苗生长发育，也是鳅苗培育过程中水质管理的一项重要内容。这是因为鳅苗在孵化后半个月左右即开始行肠呼吸以前，水中溶解氧必须充足，这时如果水中溶质不足，往往出现鳅苗因缺氧在一夜之间全部死亡的情况。

判断和控制水体中溶解氧，最可靠的方法就是观察鳅苗的活动情况。如果小苗出现缺氧的情况，它会从水底慢慢地游到水面；如果溶解氧充足，小苗大部分在池底，而不会出现在水的中层和池壁上。因此，要根据泥鳅苗的状态，采取间歇式的加氧方式。这种方式虽然能控制好鳅苗所需要的溶解氧，可太费神费时。

使用延时控制器也可以控制好溶解氧，它最大的好处就是设定好时间之后，可以让增氧机定时开、定时关。可以采用冰箱上的延时控制器，通过将冰箱延时控制器接入增氧机，从而控制增氧机的开关。延时控制器是比较普遍的，一般家电维修或者卖电器的地方都有出售。

## 九、防暑与越冬

1. 防暑

鳅苗生长的适宜水温为22～28 ℃，33 ℃以上时死亡率急剧增加，达到36 ℃时死亡率可达70%以上。由于鳅苗培育已经接近盛暑期，所以在水温太高时，应注入新水和停止投饵，同时池上应搭凉棚以遮阳。

2. 越冬

冬季水温下降到10 ℃时鱼种停食，水温下降到5 ℃时进行冬眠，越冬池封冰前水深应保持在1.5米以上。鱼种的越冬密度为每立方米水体0.75千克。

## 十、其他的管理

1. 加强巡塘

鳅苗培育期间，坚持每天早、中、晚各巡塘1次，观察泥鳅活动和水色变化情况，以便那时发现问题及时处理。第1次巡塘应在凌晨，如发现鳅苗群集在水池侧壁下部，并沿侧壁游到中上层（很少游到水面），这是池中缺氧的信号，应立即换水；午后的巡塘工作主要是查看鳅苗活动的情况、勤除池埂杂草；傍晚查水质，并作记录。

2. 定期预防病害

做好饵料投喂的科学性，要勤打扫、清洗饵料台，做好饲料台、工具等的消毒工作，定期投喂预防鱼病的药物。

3. 防敌害

鳅苗培育时期天敌很多，如野杂鱼、蜻蜓幼虫、水蜈蚣、水蛇、水老鼠等，特别是蜻蜓幼虫的危害最大。由于泥鳅的繁殖季节与蜻蜓相同，在鳅苗池内不时可见到蜻蜓飞来点水（产卵），其孵出幼虫后即大量取食鳅苗。防治方法主要依靠人工驱赶、捕捉。有条件的在水面搭网，既可阻隔蜻蜓在水面产卵，又可起遮阳降温作用。同时在注水时应采用密网过滤，防止敌害进入池中。发现蛙及蛙卵要及时捞除，由于青蛙是益虫，建议不要将蛙杀死，也不要将蛙卵捞出随便倒在塘埂上，这样会导致大量蛙卵的死亡，正确的方法是将捕捉到的蛙和蛙卵用盆子带水装好，送到另外的水池里或稻田里，让它们发挥作用。

## 第二节　鳅种的培育

当泥鳅苗经过一段时间的精心培育后，大部分长成了 3 厘米左右的夏花鱼种，这时就要及时进行分养、进入鳅种的培育阶段了。这样做的目的主要是可以避免鳅种密度过大和生长差异扩大，从而影响鳅种的继续生长。

### 一、培育池准备

鳅种培育池和鳅苗培育池基本是一样的，要预先做好清塘、修整、铺土工作，并施基肥，做到肥水下塘。只是面积可以略大一点，不过最大不宜超过 1200 平方米，水深保持 40 ~ 50 厘米。

培育池的清塘消毒工作不可忽视，一定在做好消毒工作，以杀灭病害。每 100 平方米用生石灰 10 千克兑水进行清塘消毒，方法是在池中挖几个浅坑，将生石灰倒入加水化开，趁热全池均匀泼洒。澄清一夜后，第 2 天用耙将塘泥与石灰耙匀，效果会更好，然后放水 70 厘米左右，等 1 周左右药性消失后就可以放养鳅种了。

### 二、培肥水质

鳅种培育应采用肥水培育的方法。在鳅种放养 1 周前，适量施入有机肥料用以培育水质，生产活饵料。待生石灰药力消失，放苗试水，1 天后无异常，且轮虫密度达 4 ~5 只/毫升时，即可放苗。

鳅种培育期间，也需要根据水色适当追肥，以继续培肥水质，可采用腐熟有机肥兑水泼浇。也可将有机肥在塘角沤制，使肥汁慢慢渗入水中。或可用麻袋或饲料袋装上有机肥，浸于池中作为追肥，有机肥的用量为 0.5 千克/平方米左右。如池水太瘦，可用尿素追施（化肥应尽量控制使用），晴天上午 9—10 点施用，方法是少量多次，以保持水色黄绿适当肥度。

## 三、鳅种放养

### 1. 鳅种质量

放养的夏花要求规格整齐、体质健壮、无病无畸形，体长 3 厘米以上。如果是外购泥鳅夏花应经检疫合格后方可入池。

如果是自己培育的夏花鳅种，也要在放养前进行拉网检查，判断它们的活力和质量，具体操作方法是：先用夏花渔网将泥鳅捕起、集中到网箱中，再用泥鳅筛进行筛选，泥鳅筛长和宽均为 40 厘米、高 15 厘米，底部用硬木做栅条，四周以杉木板围成。栅条长 40 厘米、宽 1 厘米、高 2.5 厘米。也可用一定规格的网片做成，网片应选择柔软的材料加工。在操作时手脚要轻巧，避免伤苗。发觉鳅苗体质较差时，应立即放回强化饲养 2 ~3 天后再起捕。如果质量较好，活力很强，就可以准备放养。

如果是外来购进的鳅种，则更要进行质量检验了，检验方法有如下两种：第 1 种方法是将鳅种放在鱼桶中或水盆中，加入本塘的水，然后手掌在里面轻轻搅动水流，使盆里的水成漩涡状，这时进行观察，如果绝大部分鳅种能在漩涡边缘溯水游动且动作敏捷的就是优质鳅种；如果绝大部分鳅种被卷入漩涡中央部位，随波逐流、流动无力的就是弱种或劣质鳅种，这时不要购买。第 2 种方法是将待选购的鳅种捞取一点，放在白瓷盆中，盆中仅仅放1厘米左右的水，观察鳅种在盆底的挣扎程度，如果扭动剧烈、头尾弯曲厉害、有时甚至能跳跃的为优质苗；如果它们贴在盆边或盆底，挣扎力度弱或仅以头、尾略扭动者为劣质苗，这时也不宜选购。

还有一点要注意的是如果供种厂家把你带到专门暂养鳅种的网箱边时，你可以注意一下，如果这里的网箱很多，那就说明这些鳅种在网箱中暂养时间太久了，它们会因营养供给不足而消瘦、体质下降，这种鳅种不宜作长途转运，也不宜购买。

在放养时一定要注意，同一池中的鳅种，它们的规格要整齐一致。

2. 放养密度

基肥施放后7天即可放养。用土池培育鳅种时，一般放养密度为每平方米200～300尾泥鳅夏花，还可少量放养滤食性鱼类，如鲢、鳙等。用水泥池培育鳅种的，每平方米放养500～800尾，有流水条件的，放养密度可加倍。

## 四、饲养管理

1. 饲料

除用施肥的方法增加天然饵料外，还应投喂人工饵料，如鱼粉、鱼浆、动物内脏、蚕蛹、猪血（粉）、孑孓幼虫等动物性饲料，以及谷物、米糠、大豆粉、麸皮、蔬菜、豆腐渣、酱油粕等植物性饲料，以满足泥鳅生长所需要的营养和能量，从而促进泥鳅的健康生长。

在放养后的10～15天内开始撒喂粉状配合饲料，几天之后将粉状配合饲料调成糊状定点投喂。要逐步增加配合饲料的比重，使之完全过渡到适应人工配合饲料，配合饲料蛋白含量为30%，人工配合饲料中动物性和植物性原料的比例为7∶3，用豆饼、菜饼、鱼粉（或蚕蛹粉）和血粉配成。水温升高到25℃以上，饲料中动物性原料可提高到80%。

2. 投饲量

日投饵量随水温高低而有变化。通常为在池泥鳅总体重的3%~10%，最多不超过10%。水温20~25 ℃以下时，饲料的日投量为泥鳅总体重的2%~5%；水温25~30 ℃时，日投量为在池泥鳅总体重的5%~10%；水温30 ℃以上或低于12 ℃时，则不喂或少喂。

3. 投饲方法

放养后实行“定质、定量、定时、定位”投喂制度，将饵料搅拌成软块状，投放在食台中，把食台沉到离池底3~5厘米处，切忌散投。每天上、下午各1次，上午喂30%、下午喂70%。经常观察泥鳅吃食情况，在1~2小时内吃完为好。另外，还要根据天气变化情况，以及水质、水温、饲料性质、摄食情况等酌情适当调整投喂量。

### 五、其他的日常管理

经常清除池边杂草，检查防逃设施有无损坏，发现漏洞及时抢修。每日观察泥鳅吃食及活动情况，发现鱼病及时治疗。定期测量池水透明度，通过加注新水或施追肥调节，保持透明度15~25厘米。定期泼洒生石灰溶液，使池水的质量浓度变为5~10毫克/升。

## 第三节 稻田养殖泥鳅

### 一、投放模式

成鳅养殖指的是从5厘米左右的鳅种养成每尾12克左右的

商品鳅。根据养殖生产的实践，稻田养殖泥鳅时的投放模式有2种，效果都还不错。第1种是当年放养苗种当年收获成鳅，就是4月前把体长4~7厘米的上年苗养殖到下年的10~12月收获，这样既有利于泥鳅生长、提高饲料效率、当年能达到上市规格，还能减少由于囤养、运输带来的病害与死亡。规格过大易性成熟、成活率低，规格太小到秋天不容易养殖成大规格商品泥鳅。第2种就是隔年下半年收获，也就是当年9月将体长3厘米的泥鳅养到第2年的7—8月收获。不同的养殖模式，它们的放养量和管理也有一定差别。

从养殖效果来看，每年4月正是全国多数地区野生泥鳅上市的旺季，野生泥鳅价格便宜，是开展野生泥鳅的收购暂养的黄金季节，也是开展泥鳅苗人工繁殖的好时机。春季繁殖的泥鳅小苗一般养殖到年底就可以达到商品规格，完全可以实现当年投资当年获利的目标。而秋季繁殖的泥鳅小苗，可以在水温降低前育成体长6厘米左右的大规格冬品鳅苗，养殖到第2年的夏季就可以达到上市规格，若养到冬季出售，其规格较大，所以在每年4月以后是开展泥鳅苗养殖的最好时机。

放养泥鳅的时间、规格、密度等会直接影响到泥鳅养殖的经济效益，由于4—5月上旬，正值泥鳅的怀卵时期，这时候捕捞、放养较大规格的泥鳅，往往都已达到性成熟，容易经不住囤养和运输的折腾而受伤，在放苗后的15天内形成性成熟泥鳅的会大批量死亡，同时部分性成熟的泥鳅又不容易生长。因此，我们建议放养时间最好避开泥鳅繁殖季节，可选在2—3月或6月中旬后放苗。

### 二、放养品种

品种好坏直接影响产量。因此，应选择具有生长快、繁殖力强、抗病的泥鳅苗种。鳅鱼最好是来源于泥鳅原种场或从天然水域捕捞的，要求体质健壮、无病无伤。

如果是自己培育的苗种，就用自己的苗种；如果是从外面的苗种，则要对品种进行观察筛选，泥鳅品种以选择黄斑鳅为最好，以灰鳅次之，尽量减少青鳅苗的投放量。另外，在放养时最好注意苗种供应商的泥鳅苗来源，以人工网具捕捉的为好，杜绝电捕和药捕苗的放养。

### 三、放养时间

不同的养殖方式，放养鳅种的时间也有一定差别，如果采用稻鳅轮作养殖方式，则应在早稻收割后，及时施入腐熟的有机肥，然后蓄水，放养鳅种。如果采用稻鳅兼作养殖方式，在放养时间上要求做到“早插秧，早放养”，单季稻放养时间宜在初次耘田后，双季稻放养时间宜在晚稻插秧 1 周左右当秧苗返青成活后。

### 四、放养密度

待田水转肥后即可投放鳅种，泥鳅苗种的放养密度除了取决于苗种本身的来源和规格外，还取决于稻田的环境条件、饵料来源、水源条件、饲养管理技术等。总之，要根据当地实际，因地制宜，灵活机动地投放泥鳅苗种。在稻田中养殖泥鳅一般是当年放养，当年收获。若体长为 6 厘米的鱼种，放养量为每亩可放养 4 万尾；体长 3 厘米左右的鱼种，在水深 40 厘米的稻田中每亩放养 3 万尾左右，水深 60 厘米左右时可增加到 5 万尾左右，有流水条件及技术力量好的可适当增加。要注意的是，同一稻田中放养的鳅种，要求规格均匀整齐，大小差距不能太大，以免大鳅吃小鳅，具体放养量要根据稻田和水质条件、饲养管理水平、计划上市规格等因素灵活掌握。

稻田内幼苗的放养量可用式（5－1）进行计算。

幼鳅放养量（尾）=养鳅稻田面积（亩）×计划亩产量（千克）×预计上市规格（尾/千克）/预计成活率（%）　　(5-1)

其中：计划亩产量，是根据往年已达到的亩产量，结合当年养殖条件和采取的措施，预计可达到的亩产量；预计成活率，一般可取70%计算；预计上市规格，根据市场的要求而确定适宜的规格；计算出来的数据可取整数放养。

## 五、放养时的处理

鳅种放养前用3%~5%的食盐水消毒，以降低水霉病的发生，浸洗时间为5~10分钟；用1%的聚维酮碘溶液浸浴5~10分钟，杀灭其体表的病原体；也可用8~10毫克/升的漂白粉溶液进行鱼种消毒，当水温在10~15℃时浸洗时间为20~30分钟，杀灭泥鳅鱼种体表的病原菌，增加抗病能力；还可以用5毫克/升的福尔马林药浴5分钟，杀灭水霉菌及体表寄生虫，防止鳅苗带病入田。

一般情况下，养殖泥鳅的稻田最好不宜同时混养其他鱼类。

## 六、科学投饵

稻田人工养殖泥鳅在粗养时，也就是放养量很少的情况下，稻田里的天然饵料已经能够满足它们的正常需求了，此时不需要投喂。如果放养量比较大时，还是需要人工投喂饲料的，以补充天然饵料的不足，从而促进成鳅生长。

1. 饵料选择

泥鳅的食性很广，泥鳅苗种投放后，除施肥培肥水质外，还应投喂人工饲料。饲料可因地制宜，除人工配合料外，成鳅养殖还可以充分利用鲜、活动植物饵料，如蚯蚓、蝇蛆、螺肉、贝肉、野杂鱼肉、动物内脏、蚕蛹、畜禽血、鱼粉和谷类、米糠、麦麸、次粉、豆饼、豆渣、饼粕、熟甘薯、食品加工废弃物和蔬菜茎叶等。泥鳅对动物性饵料特别爱吃，尤其是破碎的鱼肉。因此，给泥鳅投喂的饵料应以动物性饵料为主，有条件的地方可投喂配合浮性颗粒饲料。在这些饲料中，以蚯蚓、蝇蛆为最适口饲料。还可以在稻田中装 30～40 瓦的黑光灯或日光灯引诱昆虫喂食泥鳅。

2. 投饵量

在生产中，许多养殖户会注意到一个现象，那就是在泥鳅摄食旺季，不能让泥鳅吃得太多，如果连续 1 周投喂单一高蛋白饲料，如鱼肉，由于泥鳅贪食，吃得太多会引起肠道过度充塞，就会导致泥鳅在田间沟中集群，并影响肠呼吸，使鱼大量死亡。因此，应注意将高蛋白质饲料和纤维质饲料配合投喂。为了防止泥鳅过度待在食场贪食，可以采取多设一些食台，并将其均匀分布的办法。

另外，泥鳅饵料的选择和食欲还与水温有一定的关系，当水温在 20 ℃以下时，以投喂植物性饵料为主，占 60%～70%；水温在 21～23 ℃时，动、植物饵料各占 50%；当水温超过 24 ℃时，植物性饵料应减少到 30%～40%。

3. 投饵方式

投喂人工配合饲料，一般每天上、下午各喂 1 次，投饵应视水质、天气、摄食情况灵活掌握，以次日凌晨不见剩食或略见剩食为度。在泥鳅进入稻田后，先饥饿 2～3 天再投饵，投喂饲料要坚持“四定”的原则。

定点：开始投喂时，将饵料撒在鱼沟和田面上，以后逐渐缩小范围，将饵料主要定点投放在田内的沟、溜内，每亩田可设投饵点 5～6 处，会使泥鳅形成条件反射，集群摄食。

定时：因为泥鳅有昼伏夜出的特点，所以投饲时间最好掌握在下午 5～6 点就可以了，投喂时可将饲料加水捏成团投喂。

定量：投喂时一定要根据天气、水温及残饵的多少灵活掌握投饵量，一般为泥鳅总体重的2%~4%。鳅种放养第1周先不用投饵。1周后，每隔3~4天喂1次。如投喂太多，则会胀死泥鳅，污染水质；投喂太少，则会影响泥鳅的生长。当气温低、气压低时少投，天气晴好、气温高时多投，以第2天早上不留残饵为准。7—8月是泥鳅生长的旺季，要求日投饵2次，投饵率为10%。10月下旬以后由于温度下降，泥鳅基本不摄食，应停止投饵。

定质：饵料以动物性蛋白饲料为主，力求新鲜不霉变。小规模养殖时，可以采取培育蚯蚓、豆腐渣育虫、利用稻田光热资源培育枝角类等活饵喂食泥鳅。

稻田还可就地收集和培养活饵料，如可采取沤肥育蛆的方法来解决部分饵料，效果很好，用塑料大盆2~3个，盛装人粪、熟猪血等，置于稻田中，会有苍蝇产卵，蝇蛆长大后会爬出落入水中供泥鳅食用。

## 七、防逃

泥鳅善逃，当拦鱼设备破损、田埂坍塌或有小洞裂缝外通、汛期或下暴雨发生溢水时，泥鳅就会随水或钻洞逃逸。特别是大雨涨水时，往往在一夜之间泥鳅逃走一半甚至更多。因此，日常管理中重点是防逃，做好防逃的措施主要是做好如下几点工作。

①在清整稻田时，要同时清除田埂上的杂草，夯实和加固加高田埂，查看田埂是否有小洞或裂缝外通，如有则应及时封堵。

②在汛期或下暴雨时，要主动将部分田水排出，以确保稻田不被迅速淹没或发生漫田现象，同时整理并加固田埂，及时堵塞漏洞，疏通进排水口及渠道，避免发生溢水逃鱼。

③加强进排水口的管理，检查进排水口的拦鱼设备是否损坏，一旦有破损，就要及时修复或更换，在进水口常常会有新鲜水流进入稻田中，泥鳅就会逆水流逃跑，因此，要防止泥鳅从这

里逃跑。

④在饲养泥鳅的稻田四周安装防逃网，防逃网要求不低于30厘米，网下沿要扎入泥土中，以免漫水时泥鳅逃逸。

## 八、疾病防治

泥鳅发病的原因多是因为日常管理和操作不当而引起的，一旦发病，治疗起来很困难，因此，对泥鳅的疾病应以预防为主。

①泥鳅的饲养环境要选择好，适于泥鳅的生长发育，减少应激反应。

②要选择体质健壮、活动强烈、体表光滑、无病无伤的苗种。

③在鳅苗下田前进行严格的鱼体消毒，杀灭鱼体上的病菌。

④投放合理的放养密度，放养密度太稀，则造成水面资源的浪费；放养密度太密，又容易导致泥鳅缺氧和生病。

⑤定期加注新水，改善稻田里的水质，增加田间沟里的水体溶解氧，调节水温，减少疾病的发生。

⑥加强饲料管理工作，观察泥鳅的摄食、活动和病害发生情况，对腐臭变质的饲料绝不能投喂，否则，泥鳅易发生肠炎等疾病，同时要及时清扫食场、捞除剩饵。

⑦在饲养过程中，定期用药物进行全田泼洒消毒、调节水质，杀灭田中的致病菌，可用1%的聚维酮碘溶液全田泼洒。

⑧定期投喂药饵，并结合用硫酸铜和硫酸亚铁合剂进行食台挂篓挂袋，增强稻田中泥鳅的抗病力，防止疾病的发生和蔓延。

⑨捕捞运输过程中规范操作，避免因人为原因而使鳅体受伤感染，引发疾病。

⑩定期检查泥鳅的生长情况，避免发生营养性疾病。

⑪加强每天巡田，要注意观察，如果发现田中有病鳅、死鳅时要及时捞出，查明发病及死亡的原因，及时采取治疗措施，对

病鳅和死鳅要在远离饲养场所的地方，采取焚烧或深埋的方法进行处理，避免病源扩散。

## 九、预防敌害生物

泥鳅个体小，容易被敌害生物猎食，从而影响泥鳅的饲养效果。在饲养期间，要注意杀灭和驱赶敌害生物，如蛇、蛙、水蜈蚣、红娘华（蝎蝽）、鸥鸟、鸭子等。泥鳅的敌害生物种类很多，如鲶鱼、乌鳢等凶猛肉食性鱼类，以及其他与泥鳅争食的生物如鲤鱼鲫鱼、蝌蚪等。

预防的方法是：在鳅苗下田前用生石灰彻底清塘，杀灭稻田中的敌害和肉食性鱼类；在进水口处加设拦鱼网，防止凶猛肉食性鱼类和卵进入养鳅的稻田里；对于已经存在的大型凶猛性鱼类，要想方法清除；禽鸟可采用药和枪杀的办法清除；驱赶田边的家畜，防止鸭子等进入稻田内伤害泥鳅。

值得注意的是，由于青蛙是益虫，应从保护生态的角度出发进行预防，稻田中肯定会有蝌蚪和蛙卵时，千万不要用药物毒杀或捞出干置，应用手抄网将蛙卵或集群的蝌蚪轻轻捞出，投放到其他天然水域中。

## 十、起捕

一般饲养 8 ~ 10 个月就可以捕获，此时每尾体长达 15 厘米左右，体重达 10 ~ 15 克，已经达到商品规格。泥鳅的起捕方式很多，在后文将作相应的阐述。例如，用须笼捕泥鳅效果较好，1 块稻田中多放几个须笼，笼内放入适量炒过的米糠，须笼放在投饵场附近或荫蔽处捕获量较高，起捕率可达 80% 以上，当大部分泥鳅捕完后可外套张网放水捕捉。

养殖泥鳅要学会捕捉的方法，捕捉泥鳅，是养殖泥鳅中必须要做的一项工作。虽然常用的捕捉的方法很多，但是应根据实际情况采取合理有效的捕捉方法，方能取得很好的效果。诱捕泥鳅是常用且有效的捕捉泥鳅的方法，根据诱饵的不同，也可将泥鳅的诱捕分为几类，各具特色，效果都很明显。

1. 捕捞时间

当泥鳅每尾长到 15 ~ 20 克时，便可起捕上市。成鳅一般在 10 月开始捕捞，原则是捕大留小，宜早不宜晚，以防天气突变，成鳅钻入泥土中不易捕捞。在收捕前经常测温，北方地区泥鳅的收捕温度应在 15 ℃以上。

2. 盆装食饵诱捕

一种方法是将辣椒粉、米糠混合炒香后用泥浆拌和装进脸盆里，晚上将脸盆埋在塘里，第 2 天泥鳅就会钻满盆。

还有一种方法就是在盆内放上一些煮熟的猪骨头、羊骨头，用布盖严盆后，再将绳子沿盆边扎紧系牢，在盖布的中间部位开一个泥鳅粗细的小孔，傍晚时把盆子安放在稻田的泥土中，使盆口与稻田栽秧的田基处的底面齐平，泥鳅闻到香味后，便会顺孔钻入盆内。

3. 稻田中食饵诱捕

稻田中养的泥鳅，可以用 2 种方式来诱捕。

一是选择晴天用炒米糠或蚕蛹放在深水坑处诱集泥鳅后再捕捞。诱捕前应在傍晚把稻田里的水慢慢放干，再将诱饵装入麻袋或鱼笼内沉入深坑，此法在 4 月下旬—5 月下旬的中午效果好，在 8 月夜间的效果也较理想。

二是用晒干的油菜秆，浸没在田侧沟道中，待油菜秆逸出甜质香味来，泥鳅闻味而聚，此时可围埂捕捞。

4. 竹篓诱捕

准备 1 只口径 20 厘米左右的竹篓，另取 2 块纱布用绳缚于竹篓口，在纱布中心开一直径 4 厘米的圆洞；10 厘米左右长的布筒，一端缝于 2 块纱布的圆孔处，纱布周围也可缝合，但须留一边不缝，以便放诱饵。将菜籽饼或菜籽炒香研碎，拌入在铁片上焙香的蚯蚓（焙时滴白酒）即成诱饵。将诱饵放入2层纱布中，蒙于竹篓中，使中心稍下垂（不必绷直）。傍晚将竹篓放在养殖泥鳅的稻田中，第2天早上收回。此法在闷热天气或雷雨前后施行，效果最佳。竹篓口顺着水流方向放，一次可诱捕数十条甚至几百条泥鳅，而且泥鳅不受伤，可作为养殖用的种苗。

5. 草堆诱捕

将水花生或野杂草堆成小堆，放在岸边或田间沟的2个边角，过3~4天用网片将草堆围在网内，把两端拉紧，使泥鳅逃不出去，将网中的草捞出，泥鳅便落在网中了。草捞出后仍堆放成小堆，以便继续诱泥鳅进草堆然后捕捞。

6. 鱼篓诱捕

在鱼篓中放入麦麸、糠、土豆、动物内脏等泥鳅饵料，然后把鱼篓放到田间沟中进行诱捕。在捕鳅过程中，要不断地改善诱饵质量，使其更适合泥鳅的口味。可在诱饵中加入香油、烤香的红蚯蚓或用葵花籽饼拌韭菜、炒香的麦麸、米糠等作诱饵。

7. 食饵诱捕

把煮熟的猪骨头、牛骨头、羊骨头、炒米糠、麦麸、蚕蛹与腐殖土等混合，装入麻袋、地笼、小型网具或其他鱼笼中，袋上要开些孔，傍晚沉入稻田的田间沟底部，用其香味引来泥鳅进入而捕获，翌日太阳出来之前再取，一夜时间可捕捞大量泥鳅。实践表明，装食饵的麻袋等选择在下雨前沉入田底最好，在饵料和香味散失后，要重新装上饵料，经过多次捕捞大约可捕到稻田中80%的泥鳅。

在稻田里进行泥鳅的食饵诱捕时，需要注意以下几点事项：一是诱食饵料一定要投其所好，选择泥鳅喜欢吃的饵料，主要是一些有浓郁腥味的蛋白饵料。二是要掌握泥鳅习性，根据它们多在夜间摄食的习性，把诱捕时间重点放在夜间，诱捕效果夜间比白天好。三是掌握诱捕温度，水温在25～27℃时，泥鳅食欲最盛，此时诱捕效果较好；水温超30℃和低于15℃，食欲减退捕效较差。四是在产卵期和生长盛期时，也有泥鳅在白天摄食的，故白天也可引诱捕捞。

8. 拉网捕捞

对于养殖密度较高的稻田，可以用拉网的方式来捕捞泥鳅。用捕捞家鱼苗、鱼种的池塘拉网，或专门编织起来的拉网扦捕稻田里养殖泥鳅。作业时，先肃清水中的阻碍物，尤其是专门设置的食场木桩等，然后将鱼粉或炒米糠、麦麸等香味浓厚的饵料做成团状的硬性饵料，放入食场作为诱饵（此时经过驯化后，食场主要集中在田间沟里），等泥鳅上食场摄食时，下网快速扦捕泥鳅，起捕率较高。

9. 笼式小张网捕泥鳅

笼式小张网一般呈长方形，在一端或两端装有倒须或漏斗状网片装置，用聚乙烯网布做成，四边用铁丝等固定成形，宽40～50厘米、高30～50厘米、长1～2米，两端呈漏斗形，口用竹圈或铁丝固定成扁圆形，口径约10厘米。作业时，在笼式小张网内放蚌、螺肉、煮熟的米糠、麦麸等做成的硬粉团，将网具放入稻田里，1亩田可放4～8只网，过1～2小时，收获1次，连续作业几天，起捕率可达60%～80%。捕前如能停食1天，并在晚上诱捕作业，则效果更好。

10. 手抄网捕捉泥鳅

这种方法主要用于鳅种的捕捞，也可用于成鳅的平时捕捞。捕捞鳅种可直接用手抄网于稻田的田间沟处捞取，捕成鳅最好先用饲料引食，再用抄网捕捉。

手抄网为三角形，由网身和网架构成。网身长2.5米，上口宽0.8米，下口宽2米，中央呈浅囊状。网目的大小视捕捞对象而定，捕鳅种的网采用每平方厘米20～25目的尼龙网布制成，捕成鳅的网可用密眼网布剪裁。可在捕捞前3天把水慢慢排干，使泥鳅往田间沟中集中，然后用手抄网捕捞。对潜入泥中的泥鳅，可翻泥捕捉。

11. 流水刺激捕捞

在稻田靠近进水口底部，铺一层渔网作为捕捞工具，渔网不宜太小，一般为进水口宽度的3~4倍。由于泥鳅的个头不是太大，因此，网目为1.5~2厘米就可以了，4个网角结绑提绳，先在出水口处排去部分田水，在排水同时不断往稻田中注入水流，给泥鳅以微流水刺激，根据泥鳅具有逆水上溯逃逸的特性，此时泥鳅就会慢慢地群聚到进水口附近，此时将预先设好的网具拉起，便可将泥鳅捕获，此法适于水温20℃左右、泥鳅爱活动时进行，经过多次捕捞约可捕到稻田里90%的泥鳅。

12. 排水捕捞法

这是捕捞泥鳅最彻底的一种方法，通常是在立秋后水温下降至20℃以下时采用，此时泥鳅的摄食量较少，生长活动减弱，而且也还没有钻入泥中过冬。当然在采取其他捕捞措施后，还会有一点剩余时，也会采取这种抽干田间沟里的水进行捕捉的方法。先排干养鳅稻田表面的水，然后再慢慢降低田间沟里的水位，这样做的目的是保证稻田表面的水分能快速沥干到田间沟中，泥鳅也就会随着水流慢慢地聚集到田间沟内，这时可用抄网捕捞。经过2次至多3次，基本上就可以捕尽稻田里的泥鳅了。

13. 袋捕泥鳅

袋捕泥鳅是捕捞泥鳅方法中的一种，效果很好，简单实用。这种方法是利用了泥鳅的生活特性来达到捕捞的效果，由于泥鳅喜欢寻觅水草、树根等隐蔽物栖息、寻食的习性，用麻袋、聚乙烯布袋等，在袋内放一些破网片、树叶、水草、稻草等，使其鼓起，同时放入泥鳅喜欢的诱饵，放在水中诱捕泥鳅进入袋内，定时提起袋子就可以捕获到泥鳅。

具体操作方法：在泥鳅达到捕捞规格时，选择晴朗天气，先将稻田里的水位放至表面出现鱼沟、鱼溜，这时保持2天左右，再将稻田中鱼沟、鱼溜中的水慢慢放完，待傍晚时再将水缓缓注回鱼沟、鱼溜，同时将准备好的捕鳅袋放入鱼沟、鱼溜中。袋内的饵料必须要香、腥而且是泥鳅特别喜欢的，一般由炒熟的米糠、麦麸、蚕蛹粉、鱼粉等与等量的泥土或腐殖土混合后做成粉团并晾干，也可用聚乙烯网布包裹饵料。在将捕鳅袋放入鱼沟、鱼溜前，就要把饵料包或面团放入袋内，闻到浓郁的香味后，泥鳅就会寻味而至，钻到袋内觅食，此时就能捕捉到。

用袋捕泥鳅的效果与时间也有一定的关系，据实践表明，这种方法在4—5月捕捞时，在白天捕捞效果最好。而在8月后入冬前捕捞时，应在夜晚放袋，翌日清晨太阳尚未升起之前取出，效果最佳。

在生产实践中，一些养殖户发现，如果手头上没有现成的麻袋时，也可以就地取材，即把草席或草帘剪成长60厘米、宽30厘米，然后将配制好的饵料团包置在草席里面，再把草席或草帘两端扎紧，中间轻轻隆起，放入稻田中，上部稍露出水面，再铺放些杂草等物，泥鳅就会到草席内摄食，同样也能捕到大量泥鳅。

14. 笼捕泥鳅

这是一种比较有效的方法，捕捞的泥鳅成活率高、无损伤。这是一种须笼，专门用来捕捞泥鳅的工具，它与黄鳝笼很相似，用竹篾编织成的，长30厘米左右，直径约10厘米。一端为锥形的漏斗部，占全长的1/3，漏斗部的口径2～3厘米，笼里面装有倒须。在笼子外面连有一根浮标，作为投放和收笼时的标志，浮标可用大块塑料泡沫做成或用木块做成。在须笼中投放泥鳅喜欢的饲料，然后放置于稻田表面的浅水区，泥鳅会因觅食而钻入笼中，数小时后提起笼子就可以捕获泥鳅。采取这种方法诱捕泥鳅时最好是在夜间进行，因为泥鳅的摄食习性是多在夜间活动和觅食。如果是在闷热天气或雷雨前后使用时，效果更佳。

这种捕捞泥鳅的方法效果虽好，但也有弱点，就是受水温的影响较大，当水温超过 30 ℃或低于 15 ℃时，泥鳅因食欲减退或停止摄食，诱捕效果较差。

15. 药物驱捕

用药物驱捕泥鳅，虽然在各种水体中均可使用，但是在驱捕稻田养殖的泥鳅时，效果最好。此法是利用药物的刺激，造成泥鳅不能使用水体，强迫其逃窜到无药效的小范围水体中，从而集中捕捞。

（1）药物选用

最常使用而且效果最明显的就是茶枯，也就是茶叶榨取茶油后的残存物，能产生药效的原因是茶枯中含有一种具有溶血作用的皂角苷素，对水生生物有毒杀作用。

（2）药物用量及提取

根据长期的生产实践表明，在稻田中驱捕泥鳅时，用量是每亩 5 ~ 6 千克。

将新鲜的油茶枯饼放在柴火中烘烤 3 ~ 5 分钟后取出，当茶饼微燃时取出，趁热将茶枯饼碾成粉末，再把辗好的茶枯放在水里制成团状，再浸泡 3 ~ 5 小时后就可以使用了。

（3）使用技巧

先将稻田内水深慢慢下降至刚好淹没泥表面时，然后在稻田的四角用稻田里的淤泥堆聚成斜坡，逐步倾斜并做成高于水面 3 ~ 8 厘米的鱼巢，巢面宽 30 ~ 50 厘米，面积 0.5 ~ 1 平方米。鱼巢大小视泥鳅的多少而定，面积较大的稻田，中央也要设泥堆。

施药宜在黄昏实行，将泡制好的茶饼兑水后均匀地将药液倾注在稻田里，但鱼巢面积不施药。其后不能排水和注水，也不要在水中走动，在茶饼的作用下，泥鳅钻出田泥，遇到高出水面而无茶枯水的泥堆便钻进去。第 2 天早晨，将鱼巢内的水排完，扒开泥堆，就可以捕捉泥鳅了。

如果对于那些排水口有鱼坑的稻田，可以不用再另做鱼巢，直接在黄昏时从进水口向排水口方向逐步均匀地倾注药液，要注意的是在排水口鱼坑附近不施药，这样能将泥鳅驱赶到不施药的鱼坑内，第 2 天早晨用抄网在鱼坑中捕捞泥鳅。

此法不仅效果好、成本低，在水温 10～25 ℃时起捕率可达 90%以上。同时又可捕大留小，达到商品规格的泥鳅可上市出售，将小泥鳅再放回稻田，或移到别处暂养，待稻田中的药效消失后（7 天左右）再将小泥鳅放回该稻田饲养。

使用这种方法也要注意以下两点：一是药物必须随用随配；二是浓度要严格控制，倾注药物一定要均匀。

## 第四节　稻田养殖泥鳅的典型案例

根据国家水产技术总站的培训材料，浙江省通过建立省级示范点，进行养殖示范试验，确定科学合理的稻田改造参数、探索稻鳅模式下适宜的泥鳅放养密度，建立茬口衔接、水稻和泥鳅日常管理、防逃、病虫害防治及水稻收割与泥鳅捕捞等技术，目前已形成一套比较成熟规范的稻鳅共作模式，且取得了显著的经济效益和生态效益。现将该模式的典型案例做法及成效介绍如下。

### 一、养殖环境

选择水源充足、进排水方便、不受旱涝影响的稻田，水质清新无污染，田块底层保水性能好。稻田土质肥沃，以黏土和壤土为好，有腐殖质丰富的淤泥层。稻田开阔向阳，光照充足，面积以 10～15 亩为宜。

## 二、稻田改造

一般采用“边沟 + 鱼坑”的方式对稻田进行基础设施改造。做好防逃设施也是稻田养鳅能否成功的关键之一。

## 三、苗种与秧苗

1. 泥鳅

一是要减少运输环节，二是要采取带水运输的方法，如此才能提高放养鳅种的成活率。

2. 稻种

一般选用单季稻为好。水稻品种选择以水稻生育期偏早、茎秆粗壮、株形中偏上、耐肥抗倒性高、分蘖力和抗病虫害能力强、高产稳产的优质丰产水稻品种为宜。

## 四、鳅种放养

根据产量和水体承载能力测算，一般每亩产量在 100 千克左右较为适宜。

## 五、种养管理

种养管理包括水稻栽秧、茬口安排、水质管理、饲养管理、稻田施肥、日常管理、烤田及病虫害防治系列配套技术。

## 六、收获

江南地区单季水稻一般于 10 月收割，提倡机械化操作。泥鳅的收捕可根据市场需求，一般为现捕现卖。收捕方法包括地笼网捕和排水干捕 2 种。

## 七、典型案例的成效

近2年来，浙江省已成功地在金华、嘉兴、温州、杭州、绍兴等地推广了稻田养殖泥鳅模式，面积超过3000亩，全省平均水产品亩增效益2191元、稻米861元，亩均效益达到5584元，最高亩效益超过1万元，总产值1697万元。稻鳅种养模式“一水二用，一地两收”，在收获泥鳅的同时，也提高了大米的质量，稳粮又增收，充分提高了土地的综合产出，其经济效益性和生态效益性已得到了广大种粮大户和水产合作社的认可。

浙江省金华市兰溪樟林粮食专业合作社，稻鳅共作示范基地200亩，经过统计和测产，2012年实施效益情况如表5.1所示。

**表5.1　稻鳅共生养殖试验各指标效益**

<table>
<tr><th rowspan="2">泥鳅放养密度/（千克/亩）</th><th rowspan="2">试验田编号</th><th colspan="2">泥鳅</th><th colspan="2">水稻</th><th rowspan="2">亩效益/元</th><th rowspan="2">水产品投入产出比</th></tr>
<tr><th>亩产量/千克</th><th>亩产值/元</th><th>亩产量/千克</th><th>亩产值/元</th></tr>
<tr><td rowspan="2">25</td><td>1#</td><td>54.49</td><td>2615.52</td><td rowspan="6">591.5</td><td rowspan="6">5796.7</td><td>8412.2</td><td>1∶2.10</td></tr>
<tr><td>4#</td><td>57.48</td><td>2759.04</td><td>8555.7</td><td>1∶2.21</td></tr>
<tr><td rowspan="2">40</td><td>1#</td><td>84.94</td><td>4077.12</td><td>9873.8</td><td>1∶2.04</td></tr>
<tr><td>2#</td><td>84.16</td><td>4039.68</td><td>9836.4</td><td>1∶2.02</td></tr>
<tr><td rowspan="2">60</td><td>5#</td><td>102.74</td><td>4931.52</td><td>10728.2</td><td>1∶1.64</td></tr>
<tr><td>6#</td><td>104.03</td><td>4993.44</td><td>10790.1</td><td>1∶1.66</td></tr>
<tr><td colspan="4">对照组水稻田</td><td>610</td><td>1878.8</td><td>1878.8</td><td></td></tr>
</table>

注：其中稻鳅共生所产稻米进行有机包装后卖到14元/千克（对照稻田的稻米卖4.4元/千克）。

根据表5.1中数据测算，对照组稻田水稻亩产610.00千克，亩产值1878.80元，生产成本1142.00元/亩，亩利润为736.80元。而稻鱼共生养殖示范基地，放养规格为25.00千克/亩的试验田，泥鳅平均亩产达到55.99千克、产值2687.30元/亩，综合亩产值可达到8484.00元，生产成本2403.00元/亩，亩利润为6081.00元；放养规格为40千克/亩的试验田，泥鳅平均亩产达到84.55千克、产值4058.40元/亩，综合亩产值可达到9855.10元，生产成本3153.00元/亩，亩利润为6702.10元；放养规格为60千克/亩的试验田，泥鳅平均亩产达到103.39千克、产值4962.50元/亩，综合亩产值可达到1 0759.20元，生产成本4153.00元/亩，亩利润为6606.20元。相较于放养规格为40千克/亩和60千克/亩泥鳅的稻田，放养规格为25千克/亩泥鳅的稻田泥鳅生长最快，增重效果最为明显；但从亩利润效益来看，放养规格为40千克/亩泥鳅的稻田亩利润最高，稻田亩产值效益最好，因此，推荐为稻鳅共生中泥鳅适宜放养密度。

# 第六章　活饵料的培育

活饵料以其营养价值高、绿色无污染、培养简单易得、便于水产动物摄食和消化的优点，成为黄鳝、泥鳅养殖的重要组成部分，至今仍难以被人工配合饲料完全取代。尤其是作为苗种培育阶段时的开口饵料，更是显得非常重要；同时活饵料对于增强黄鳝和泥鳅的体质、促进它们的生长和提高对疾病的抵抗力具有重要的作用。

本书主要是针对黄鳝、泥鳅养殖时所需要的活饵料来阐述它们的培育技术。

## 一、培育活饵料的意义

对于养殖黄鳝、泥鳅来说，尤其是苗种培育阶段，活饵料具有明显的优势，对于鳝鳅能在稻田中养殖成功具有重要意义，主要体现在如下几个方面。

1. 活饵料是重要的蛋白源

据测定，细菌、螺旋藻、轮虫、桡足类、黄粉虫、蝇蛆、蚯蚓中的蛋白质含量相当高，分别为65.5%、58.5%~71.0%、56.8%、59.8%、64.0%、54.0%~62.0%、53.5%~65.0%，而且各营养成分平衡，氨基酸组分合理，含有全部的必需氨基酸。所以说，在蛋白源日趋紧张的今天，饵料生物无疑是最主要的优质蛋白源之一。

2. 活饵料的营养丰富，适合鳝鳅的营养需求

我们可以通过人工筛选，获得符合黄鳝、泥鳅在某一个发育

阶段营养需要的、饵料效果好的生物饵料种类。例如，螺旋藻，在营养上具有特异优点，不但营养价值高、容易被消化吸收，而且对养殖的鳝鳅有促进生长发育和防病的作用。

3. 利用活饵料驯食效果好

无论是哪一种水产活饵料，它们的体内均含有特殊的气味，驯鳝驯鳅效果极佳而且在鳝体内易消化。同时生物饵料及其产物无毒或毒性极小，养殖黄鳝泥鳅的成活率较高。例如，我们在人工养殖鳝鱼时，刚从天然水域中捕获的野生鳝鱼具有拒食人工饵料的特点，因此驯饵是养殖成功的关键。常用蚯蚓粉拌饵投喂法来驯食人工饵料，效果明显。

4. 用天然活饵养殖的商品鳝鳅风味好

以黄鳝为例，用黄粉虫养出的黄鳝，体色有光泽、肉质细嫩、口感极佳、肥而不腻，比用人工饲料强化喂养的黄鳝好得多，而且没有特殊的泥土味，深受市场的欢迎。

5. 活饵料的适口性好

鳝鳅的幼体在自身携带的卵黄囊被吸收利用完毕后，就要独立自主摄食了，它们只能摄取几微米到十几微米大小的饵料，而如此微小的饵料颗粒，以目前的技术水平还难以大规模用人工饵料来完全取代，因此，可以通过选择大小合适的生物饵料种类进行培养来满足幼体的开口摄食要求。例如，鳝鳅苗的口径大都在0.22～0.29毫米，其适口食物的大小应在0.16～0.43毫米，而轮虫的个体一般在0.16～0.23毫米，完全符合鳝苗、鳅苗适口食物的需要。

6. 增殖速度快，产量高，易得性强

轮虫游动速度低于0.02厘米/秒，最适合做鳝苗和鳅苗的开口饵料；桡足类游动速度5厘米/秒，适合养殖黄鳝和泥鳅的成鱼与大规格苗种。这些天然饵料种群数量大、生命周期短、世代交替快、繁殖力旺盛、天然水域中含量丰富、易得性强，人工培育时，往往具有“爆发式繁殖”的能力，同时生物饵料对环境的适应能力强，易于大量培养，产量极高。

7. 其他意义

首先表现在水质净化方面，饵料生物是活的生物，在水中能正常生活，具有优化水质的作用。例如，单细胞藻类在水中进行光合作用，放出氧气；光合细菌和单细胞藻类都能降解水中的富营养化物质，有改善水质的作用；其次表现在嗜食性和消化方面，鳝鳅的幼苗都特别喜欢吃生物饵料，而且容易被消化吸收；最后表现在方便摄食方面，可以选择运动能力和分布水层都适合培育幼体摄食的生物饵料种类进行培养，便于幼体的摄食。

## 二、桡足类的培养

桡足类隶属于节肢动物门、甲壳纲、桡足亚纲。培养饵料用的桡足类分别隶属于哲水蚤目、剑水蚤目和猛水蚤目的种类。桡足类是小型低等甲壳动物，是黄鳝、泥鳅苗种培育时的主要饵料之一。

1. 培养设备

主要培养设备有培养容器、搅拌器、充气装置、升温装置等。

小型培养容器多使用1立方米左右的塑料水槽。大型培养容器多为水泥池，其容量从几立方米到几百立方米不等。池深一般1.0~1.3米。小型培养容器多用散气石充气搅拌，不设专门的搅拌器。大型水泥池的搅拌器有两种：一种是专门的搅拌器，这种搅拌器带有翼片，慢速运转，靠翼片搅动水体；另一种是用铺在池底的塑料管充气搅拌。桡足类生长繁殖的水温一般较高，因此，需配备升温装置。

2. 培养用水的处理

培养用水最好通过沙滤，如果无沙滤设备，也可以用筛绢网过滤，滤除水中的大型动物。

3. 接种

种的来源有两个途径：一是从自然水域采集桡足类，经分离、富积培养后，再往大型培养容器接种；二是采集桡足类的卵进行孵化。

接种量以大为好。接种量大，增殖到收获时密度的时间短，生产效率高。接种量最大可以达到当时培养条件下最大密度的一半。

4. 投放附着基

培养底栖和半底栖的桡足类，需要投放附着基。例如，虎斑猛水蚤有爬行于池壁和池底或在其附近游泳的习性。为了增加其栖息场所，投放附着基有明显效果。附着基的种类有蚊帐布、筛绢网、塑料波纹板、聚乙烯薄膜等。用垂挂蚊帐网作附着基，不会降低通气能力，而且蚊帐网上有浒苔生长，起到了附着基、饵料和稳定水质的作用。

5. 管理

（1）投饵

应根据桡足类的食性选择适宜的饵料。杂食性桡足的饵料种类很多，适于大量培养。除了饵料种类外，还要控制适宜的投饵量。如果用1立方米容量的塑料水槽作培养容器，混合投喂对虾配合饲料与酵母，对虾配合饲料投喂量每周30~75克，酵母投喂量2克/日，虎斑猛水蚤增殖到1.4万~1.7万个/升；混合投喂蛙类配合饲料与酵母，蛙类配合饲料每2~3天投喂5~10克，酵母每2~3天投喂10克，虎斑猛水蚤增殖到1.6万~2万个/升；1次或多次投喂酱油糟125~625克，虎斑猛水蚤增殖到4000个/升。

（2）搅拌和充气

搅拌和充气的作用，一是增加培养水中的溶解氧，二是防止饵料下沉，这是培养管理的一项重要措施。但是要适当控制搅拌和充气的强度。底栖和半底栖的桡足类有在池壁附近生活的习性，搅拌强度过大或充气量过大，有可能对其产生不利影响。

（3）控制温度、光照强度

应把温度和光照强度控制在最适宜范围。温度不宜变化过大。

（4）水质控制指标

桡足类培养中水质变化过大，特别是投喂人工饲料时更要注意。培养过程中溶解氧应大于 5 毫升/升。pH 应控制在 7.5 ~ 8.6。如果溶解氧和 pH 过低，应加强通气。

（5）收获

培养的桡足类最高密度都有一定界限，并且随培养条件不同而不同。据报道，虎斑猛水蚤的增殖密度，在 1 升水槽中为 3 万个/升，在 30 升水槽中为 1.8 万个/升，1 吨水槽中可达 1.5 万个/升，在 40 吨水池中用油脂酵母作饵料达到 3.6 万个/升，在 200 吨水池用面包酵母作饵料，增殖密度也达到 1.58 万个/升。在密度达到一定水平后，就要收获其中的一部分，这对桡足类的长期稳定增殖是有利的。每次收获量的大小，以不影响其增殖为准。如果每次的收获量过小，则现存量就大，桡足类则处于较高密度状态，对其生长繁殖不利。相反，如果每次的收获量过大，则现存量就小，参与繁殖的个体数量就小，也影响其增殖的速度。每次收获量 10% 左右。收获方法是用网目 0.33 毫米的网捞取。收获的个体主要是成体和后期桡足类幼体。

## 三、摇蚊幼虫的培育

1. 人工采卵

用专用的人工采卵箱完成，采卵箱的大小为 1 米 ×1 米 × 2 米，用厚 4 ~ 5 厘米的方杉木做箱架，外面挂有防蚊用的昆虫网，其上覆盖透明塑料布，以便保持箱内的湿度和从外面进行观察。

2. 温度

最适范围为 23 ~25 ℃。

3. 湿度

湿度 90% 以上可得到 80% ~ 85% 的受精率，调节湿度可由采卵箱中的喷水器控制，箱外覆盖塑料布防止蒸发。

4. 饵料

饵料置于采卵箱中的面盆或喷洒在悬挂于采卵箱中的布幕。成虫饵料为 2% 的蔗糖、2% 的蜂蜜或两者混合液，都能获得较高受精率。

用以上采卵箱的条件，受精卵块持续的天数为 12 ~ 15 天，平均每天可采卵块 150 ~ 200 个。假设 1 个卵块中的卵粒数平均为 500 个，则每天能采 10 万个个体，2 周后可得到 140 万个个体，约合 7 千克幼虫。

5. 培养基

①琼脂培养基：将琼脂溶解于热水中，配成 0.8% 的琼脂溶液，冷却至 50 ℃以后再加入牛奶。根据牛奶的添加量增减添加的蒸馏水，使琼脂浓度最后调整为 0.75%，然后将培养基溶液 25 毫升倒入直径为 90 毫米的玻璃皿中冷却，使琼脂凝固，在上面加 10 毫升蒸馏水。

②黏土—牛奶培养基：取烧瓦用的黏土一定量，加入 10 倍重的蒸馏水，在大型研钵中研碎，使之成为分散的胶体状，除去砂质后，用每平方厘米 1.2 千克的高压灭菌器灭菌 30 分钟，冷却之后取一定量，加入牛奶，迅速开始凝集，黏土粒子和牛奶一起形成块状的沉淀，即可当幼虫的培养基。

③黏土—植物叶培养基：取杂草或桑叶或海产的大叶藻，加适量海砂和水，把植物叶子在研钵中磨碎，用 50 目筛绢网过滤挤出植物碎叶，静置后取出植物碎叶中的细砂。然后在黏土溶液

加入适量氯化钙，再加入植物碎叶，就和牛奶一样发生凝集，直至上澄液不着色、不混浊时，等待10～20分钟后倾去上澄液，加入蒸馏水进行振荡，再静置10～20分钟后，除去上澄液，如此反复2～3次之后，将沉淀部分适当稀释便可当培养基。

④下水沟泥培养基：从下水沟或养鱼塘采集鲜泥土，去掉其中的大块垃圾，加入等量的自来水搅拌，静置30分钟后倒掉上澄液，这样反复进行1～2次，除去下水沟泥的悬浮物。用高压锅高压灭菌30分钟，冷却之后倾去上澄液，加入适量蒸馏水即可当培养基。

6. 培养方法

①接种：用人工采卵和人工培养基饲育的摇蚊幼虫，经60目筛网选出体长3～4毫米的幼虫置于盆中，1～2天后加入蒸馏水，再移入筛网用蒸馏水冲洗干净之后，把水分沥干，将幼虫接种在培养基上。

②静水培养法：上述4种培养基的共同特点是两相培养基，即培养基底是固体物质的黏土、牛奶、植物碎叶或下水沟泥的沉淀物，培养基的上部是水基蒸馏水。用直径90毫米的培养皿盛装培养基时，把大于3毫米的摇蚊幼虫接种于器皿中培养，这就是静水培养。这种静水培养可一直培养到蛹化前即可采收，它具有操作容易的优点，但是这种培养法由于得不到充足的氧气保证，培养基容易变质，产量远不如流水培养法。

③流水培养法：在塑料容器（33厘米×37厘米×7厘米）或直径为45厘米的圆盆底部放入厚度为10毫米的沙层，再在上面铺上黏土－牛奶培养基，每3天添加1次，从一端注入微流水，另一端排出，再用孵化后24小时的幼虫进行流水培养。流水可以起到排污和增加氧气的目的，培养结果比静水培养的好。

④体长小于3毫米的幼虫培养：体长小于3毫米的幼虫的口器发育尚未完成，对各种外界环境的抵抗力较弱，更不可能抵抗

0.1 米/秒的流水速度，因此，需要用另外一种培养方法。这种方法是：在 500 毫升的三角烧瓶中，注入半瓶水，加进 50 毫升的培养基，将要孵化的卵块加进烧瓶里，用气泡石通气，约每分钟通入 800 ~ 1000 立方厘米的气体，温度以 23 ~ 25 ℃为宜，在这种条件下，卵块会顺利孵化，4 天后体长可以达到 3 毫米，然后转入流水培养基中继续培养。

## 四、黄粉虫的培育

1. 培育模式

(1) 工厂化培育

这种生产方式可以大规模地提供黄粉虫作为饵料，适合于鳝鳅的养殖需要。工厂化养殖的方式是在室内进行的，饲养室的门窗要装上纱窗，防止敌害侵入，房内安排若干排木架或铁架，每只木（铁）架分 3 ~ 4 层，每层间隔 50 厘米，每层放置一个饲养槽，饲养槽的大小与木架相适应。饲养槽既可用铁皮制成，也可用木板制成，一般规格为长 2 米、宽 1 米、高 20 厘米，在边框内壁用蜡光纸裱贴，使其光滑，防止黄粉虫爬出。

(2) 家庭培育

家庭培育黄粉虫，规模较小，产量很低，可用面盆、木箱、纸箱等容器放在阳台上或床下养殖，平时注意防止老鼠、苍蝇、鸡等的侵害。家庭培育具体的养殖模式有箱养、塑料桶养、池养和培养房大面积培养 4 种。

①箱养：用木板做成培养箱（长 60 厘米、宽 40 厘米、高 30 厘米），上面钉有塑料窗纱，以防苍蝇、蚊子进入，箱中放 1 个与箱四周连扣的框架，用 10 目/厘米规格的筛绢做底，用以饲养黄粉虫，框下面为接卵器，用木板做底，箱用木架多层叠起来，进行立体生产。

②塑料桶养：塑料桶大小均可，但要求内壁光滑，不能破损

起毛边，在桶的1/3处放一层隔网，在网上层培养黄粉虫，下层接虫卵，桶上加盖窗纱罩牢。

③池养：用砖石砌成1平方米大、高0.3米的池子，内壁要求用水泥抹平，防止黄粉虫爬出外逃。

④培养房大面积培养：通常采用立体式养殖，即在室内搭设上下多层的架子，架上放置长方形小盘（长60厘米、宽40厘米、高15厘米），盘内培养黄粉虫，每盘可培养幼虫2~3千克。

2. 培育技术

黄粉虫在0℃以上可以安全越冬，10℃以上可以活动吃食，生长适温为25~36℃，最高不超过39℃，室内空气湿度以60%左右为宜。在长江以南地区一年四季均可养殖，在特别干燥的情况下，黄粉虫尤其是成虫有相互蚕食的习性。

饲养前，首先要在箱、盆等容器内放入经纱网筛选过的细麸皮和其他饲料，再将黄粉虫（幼虫）放入，幼虫密度以布满容器或最多不超过2~3厘米厚为宜。最后上面盖上菜叶，让虫子生活在麸皮与菜叶之间，任其自由采食。虫料比例是虫子1千克、麸皮1千克、菜叶1千克。刚孵化的幼虫以多投玉米面、麸皮为主，随着个体的生长，增加饲料的多样性。每隔1星期左右，换上新鲜饲料并及时添补麸面、米糠、饼粉、玉米面、胡萝卜片、青菜叶等饲料，也可添加适量鱼粉。每7天左右清理1次粪便。黄粉虫饲养周期为100天左右，卵经过3~5天孵化成幼虫，幼虫要蜕皮15~17次，每蜕皮1次就长大一点，当幼虫长到20毫米时，便可用来投喂动物。一般幼虫继续生长到体长30毫米、体粗8毫米时，颜色由黄褐色变淡，且食量减少，这是老熟幼虫的后期阶段，之后会很快进入化蛹阶段。初蛹呈银白色，逐渐变成淡黄褐色。初蛹应及时从幼虫中拣出来集中管理，蛹期要调整好温度与湿度，以免发生霉变。蛹经过7~9天，即蜕皮羽化成为成虫（蛾）。蛹将要羽化成成虫时，会不时地左右旋转，几分钟或几十分钟便可蜕掉蛹衣羽化成为成虫，成虫活30～60天。在饲养的过程中，卵的孵化及幼虫、蛹、成虫要分开饲养。当大龄幼虫停止吃食时，要拣出来放于另一器具里，使其产卵，经过1～2个月的养殖，便进入产卵旺期，此时接卵纸要勤于更换，每5～7天换1次，每次将更换收集的卵粒分别放在孵化盒中集体孵化。

## 五、蚯蚓的培育

蚯蚓以土壤中的腐殖质为食，许多有机废弃物和污泥都可作为蚯蚓的食料，如纸厂、糖厂、食品厂、水产品加工厂、酒厂的废渣，污水沟的污泥，禽畜粪便、果皮菜叶、杂草木屑和垃圾等。

蚯蚓在10～30℃之间均能生长繁殖，最适温度为20～25℃。土壤含水率要求为35%～40%，pH以6.6～7.4较适宜。蚯蚓雌雄同体，但需异体受精方能产卵，受精卵在茧内经18～21天后发育成幼蚓。小蚯蚓从出生到成熟约需4个月，成熟后每月产卵1次，每次繁殖10～12条，好的品种一年可繁殖近千倍。

培养蚯蚓的基料和饲料要求无臭味、无有毒物质，并已发酵的腐熟料。基料的制作与饲料基本相似，即把收集的原料按粪60%、草40%的比例，层层相间堆制（全部粪料亦可）。若料较干，则于堆上洒水，直至堆下有水流出为止。待堆上冒“白烟”后方可进行翻堆，重新加水拌和堆制。如此重复3～5次，整堆料都得到充分发酵后就可作为蚯蚓的基料和饲料了。如全部用粪料堆制，可不必翻堆。

蚯蚓培养可采用槽式、围地、土坑和饲料地养殖等方式。将发酵好的基料铺在饲养容器内，厚度在10～30厘米。引入蚓种，每平方米可放1000～2000条。基料消耗后要及时加喂饲料，方法有3种：团状定点投料、隔行条状投料和块状投料。新料投入后，蚯蚓自行爬进新料中取食，可将陈料中的卵包收集孵化。孵化时间与温度有关，15 ℃时约 30 天，20 ℃时约 20 天，温度越高时间越短，但孵化率越低。

蚯蚓的饲养管理应主要做到如下几条：①保证基料饲料疏松通气；②保持湿润；③防毒防天敌，如蛆、蚂蚁、青蛙、老鼠等，以及农药危害；④避免阳光直射和冰冻。

蚯蚓的收集可利用它怕光、怕热、怕水淹的缺点和用食物引诱的方法进行。

## 六、蛆蛹的培育

蛆蛹，是一种营养价值很高的蛋白饲料，干物质中蛋白质含量达 50% ~ 60%，脂肪达 10% ~ 29%，饲养家禽或鱼、甲鱼、龟、虾等，效果与鱼粉相似。

蛆蛹生产由饲养成蝇、培养蛆蛹和蛆粪分离 3 个环节组成。

①成蝇饲养：成蝇生长繁殖的适宜温度为 22 ~ 30 ℃，相对湿度为 60%。成蝇的饵料，大都是由奶粉、糖和酵母配合而成的，亦可用鸡粪加禽畜尸体，或用蛆粉和鱼粉代替奶粉饲养。培养房内设方形或长方形蝇笼，笼内置水罐、饵料罐和接卵罐。雌蝇在羽化后 4 ~ 6 天开始产卵，每只雌蝇一生产卵千粒左右，寿命约 1 个月。接卵时，用变酸的奶、饵料，加几滴稀氨水和糖水，再加少量碳酸铵或鸡粪浸出液，将布或滤纸浸润后放入接卵罐内，成蝇就会将卵产于布或滤纸上。

②蛆蛹的培养：养蛆房内温度应保持 22 ~ 27 ℃，相对湿度 41%。培养盘的大小以方便为原则，内铺新鲜鸡粪，厚度在 5 ~ 7 厘米，鸡粪含水量为 65% ~ 75%。为更好地通气，可在鸡粪中适当掺入一些麦秸或稻糠，每千克鸡粪可接卵 1.5 克。幼虫期为 4 ~ 9 天。

③蛆粪分离：一般直接把蛆和消化过的鸡粪一并烘干作饲料。若要分离时，可利用蛆避光的特点进行。

## 七、土法培育蝇蛆

1. 引蝇育蛆法

夏季苍蝇繁殖力强，可选择室外或庭院的一块向阳地，挖成深0.5米、长1米、宽1米的池子，用砖砌好，再用水泥抹平，用木板或水泥预制板作为上盖，并装上透光窗，用玻璃或塑料布封住窗户（透光窗），再在窗上开一个5厘米×15厘米的小口，池内放置烂鱼、臭肠或牲畜粪便，引诱苍蝇进入繁殖，但一定要注意让苍蝇只能进不能出，雨天应加盖，以免雨水影响蝇蛆的生长。蛆虫的饲料，采用新鲜粪便效果较佳。经半个月后，每池可产蛆虫6~10千克，不仅个体大，而且肥嫩，捞出消毒后即可投喂。

2. 土堆育蛆法

将垃圾、酒糟、草皮、鸡毛等混合搅成糊状，堆成小土堆，用泥封好，待10天后，揭开封泥，即可见到大量的蛆虫在土堆中活动。

3. 豆腐渣育蛆法

将豆腐渣、洗碗水各25千克，放入缸内拌匀，盖上盖子，但要留一个供苍蝇进去的入口，沤3~5天后，缸内便可繁殖出大量的蛆虫，把蛆虫捞出消毒、洗净后即可投喂鳝鳅。也可将豆腐渣发酵后，放入土坑，加些淘米水，搅拌均匀后封口，经5~7天也可产生大量蝇蛆。

4. 牛粪育蛆法

把晾干粉碎的牛粪混合在米糠内，用污泥堆成小堆，盖上草帘，10天后，可长出大量小蛆，翻动土堆，轻轻取出蛆后，再把原料装好，隔10天后，又可产生大量蝇蛆，提供活饵料。

5. 黄豆育蛆法

先从屠宰场购回3~4千克的新鲜猪血，加入少量枸橼酸钠抗凝结，放入盛放水 50 千克的水缸中，再加少量野杂鱼搅匀，以提高诱种蝇能力。然后准备一条破麻袋覆盖缸口，用绳子扎紧，置于室外向阳处升高料温。种蝇可以从麻袋破口处进入缸内，经 7 ~ 10 天即有蛆虫长出。再将 0.5 千克黄豆用温水浸软，磨成豆浆倒入缸中以补充缸料，再经 4 ~ 5 天后，就可以用小抄网捕捞大蛆喂鳝鳅；小蛆虫仍然在缸内继续培养，以后只要勤添豆浆，就可源源不断地收取蛆虫，冬季气温较低时，可加温繁育。

6. 水上培育

将长方形木箱固定于水上浮筏，木箱箱盖上嵌入两块可以浮动的玻璃，作为放入粪便或鸡肠等的入口，在箱的两头各开一个 5 厘米 ×10 厘米的长方形小孔，将铁丝网钉在孔的内面，并各开一个整齐的水平方向切口，将切口的铁丝网推向内面形成一条缝，隙缝大小以能钻入苍蝇为度。箱的两壁靠近粪便处各开一个小口，嵌入弯曲的漏斗，漏斗的外口朝向水面。在箱盖两块玻璃之间，嵌入一块可以抽出的木板，将木箱分割为二，加粪前先用箱顶一块玻璃遮光，然后将中间隔板拔起，由于蝇类有趋光性，即趋向光亮的一端，再将隔板按入箱内，在无蝇的一端加粪，用此法培育的蝇蛆可爬入漏斗后即自动落入水中，比较省时省力。苍蝇只能进入箱内，不能飞出，合乎卫生要求。

## 八、水蚯蚓的培育

水蚯蚓的繁殖季节变化，不像鱼虫那样明显。它们的身体细长呈线状，体色鲜红或深红，终年生活在天然水域中有机质丰富的泥底内，一部分身体钻入底泥中，大部分身体在水层中不停地颤动。周围稍有响动，都能使它受惊而将身体全部缩入泥中，直到声响消失，才又伸出泥外恢复颤动。捞取水蚯蚓时要带泥团一起挖回，装满桶后，需要取蚓时，盖紧桶盖，几小时后，打开桶盖，可见水蚯蚓浮集在泥浆表面。捞取的水蚯蚓要用清水洗净后才能喂鱼。取出的水蚯蚓保质期间，需每日换水 2~3 次。在春、秋、冬三季可存活 1 周左右。保存期如发现虫体颜色变浅且相互分离，蠕动又显著减弱，即表示水中缺氧，虫体体质减弱，有很快死亡腐烂的危险，应立即换水抢救。在炎热的夏季，保存水蚯蚓的浅水器皿应放在自来水龙头下用小股流水不断冲洗，才能保存较长时间。

## 九、田螺的培育

1. 幼螺饲养箱的准备

幼螺饲养箱通常采用立体式，多层箱体相互叠加。每层箱高 10 厘米，一般规格为 20 厘米 ×17 厘米 ×10 厘米，箱内养殖土（营养土）5 厘米厚，留有空间 5 厘米，有条件的可在箱底下面铺设一层 3 厘米左右的碎石子和鹅卵石，以增加养殖土的透气性和透水性。

2. 注意饲料的选择和合理搭配

幼螺生长特别快，饲料要求新鲜多汁，含营养成分丰富，2~3 天更换一次食物种类。根据需要可以多投喂一些鲜嫩多汁的瓜果、菜叶，辅以部分麦面、米糠、米粉、钙粉或鸡蛋壳粉等精料，有条件的还可在菜叶上面洒些牛奶等，如果适当投喂一些干酵母粉，将对幼螺的生长有很大的促进作用。

3. 掌握合理的饲养密度

随着幼螺的生长，饲养密度应逐渐由密到稀，以免发生拥挤、取食困难而被迫休眠，从而造成生长缓慢，甚至死亡。放养密度以每平方米面积投放幼螺 2000~3000 只为宜。

4. 保证合适的温度与湿度

幼螺对外界环境抵抗力较弱，所以要特别注意温度和湿度的控制，室内温度一般控制在 20~30 ℃，昼夜温差不得超过 5 ℃。

原则上要求室内湿度在70%~80%的范围内，但实际饲养中，室内湿度很难保持这一要求，故应在饲养箱外的湿度上下功夫。土壤底部的含水量以30%~40%为宜，昼夜湿度差不得超过10%，湿度忽高忽低，易引起幼螺死亡，在早春和入冬季节，应注意做好防寒保暖工作。空气或养殖土过干或过湿，都对幼螺生长不利，过湿易滋生病菌和昆虫、饲养土易霉烂、易引起幼螺受病菌侵害而大量死亡；过干则会使螺体失去水分，影响生长，甚至死亡。天热时应每天多喷洒几次水。喷水时最好用喷雾器形成雾状水粒为佳，不能把水直接喷在幼螺身上，否则易导致幼螺死亡，喷过水后，箱上盖好湿布，以保持养殖土湿润。所用的水如果是城市自来水，因其中含有漂白粉，故需放在太阳下曝晒2~3天，去除余氯后方可使用。

5. 成螺养殖

成螺比幼螺更易适应环境变化，因而可以在各种水域中养殖。

（1）投放密度

人工养殖田螺，必须根据实际情况灵活掌握种螺的投放密度。一般情况下，在专门单一饲养成螺的池内，密度可以适当大一些，每平方米放养种螺150~200个，如果只在自然水域内放养，由于饵料因素，每平方米投放20~30个种螺即可。

（2）饵料投喂

田螺的食性很杂，人工养殖除由其自行摄食天然饵料外，还应适当投喂一些青菜、豆饼、米糠、番茄、土豆、蚯蚓、昆虫、鱼虾残体，以及其他动物内脏、畜禽下脚料等。各种饵料均要求新鲜不变质，富有养分。仔螺产出后2~3个星期即可开始投饵。田螺摄食时，因靠其舌舔食，故投喂时，应先将固体饵料泡软，把鱼杂、动物内脏、屠宰下脚料及青菜等剁碎，最好经过煮熟搅拌成糜状物后，再用米糠或豆饼、麦麸充分搅拌均匀后分散投喂

(即拌糊撒投)，以适于舔食的需要。每天投喂1次，投喂时间一般在上午8～9点为宜，日投饵量为螺体重的1%～3%，并随着体重的逐渐增长，视其食量大小而适量调整，酌情增减。对于一些较肥沃的鱼螺混养池则可不必或少投饵料，让其摄食水体中的天然浮游动物和水生植物。

(3) 注意科学管理

人工养殖田螺时，平时必须注意科学管理，才能获得好的收成。

①注意观测水质水温：田螺的养殖管理工作，最重要的是要注意管好水质、水温，视天气变化调节、控制好水位，保证水中有足够的溶氧量，这是因为田螺对水中溶解氧很敏感。据测定，如果水中溶氧量在3.5毫克/升以下时，田螺摄食量明显减少，食欲下降；当水中溶解氧降到1.5毫克/升以下时，田螺就会死亡；当溶解氧在4毫克/升以上时，田螺生活良好。所以在夏秋摄食旺盛且又是气温较高的季节，除了提前在水中种植水生植物，以利遮阴避暑外，还要采用活水灌溉池塘即形成半流水或微流水式养殖，以降低水温、增加溶解氧。此外，凡含有强铁、强硫质的水源，绝对不能使用，受化肥、农药污染的水或工业废水要严禁进入池内。鱼药五氯酚钠对田螺的致毒性极强，因此禁止使用；水质要始终保持清新无污染，一旦发现池水受污染，要立即排干池水，用清新的水换掉池内的污水。

②注意观察采食情况：在投饵饲养时，如果发现田螺厣片收缩后肉溢出时，说明田螺出现明显的缺钙现象，此时应在饵料中添加虾皮糠、鱼粉、贝壳粉等；如果厣片陷入壳内，则为饵料不足饥饿所致，应及时增加投饵量，以免影响生长和繁殖。

③加强螺池巡视：田螺有外逃的习性，在平时要注意加强螺池的巡视，经常检查堤围、池底和进出水口的栅闸网，发现裂缝、漏洞，及时修补、堵塞，防止漏水和田螺逃逸。同时要采取

有效措施预防鸟、鼠等天敌伤害田螺；注意养殖池中不要混养青鱼、鲤鱼、鲈鱼等杂食性和肉食性鱼类，避免田螺被吞食；越冬种螺上面要盖层稻草以保温保湿。

## 十、灯光诱蛾

飞蛾类是黄鳝、泥鳅的高级活饵料，可利用黑光灯大量诱集虫蛾。根据试验和实践表明，在稻田里装配黑光灯，利用黑光灯所发出的紫光和紫外光引诱飞蛾、昆虫，可以为鳝、鳅增加一定数量的廉价优质的鲜活动物性饵料，加快并促进它们的生长，可使黄鳝、泥鳅的产量增加10%以上，降低饲料成本20%左右，同时黑光灯能有效地诱杀附近农田的害虫，有助于农业丰收，而且生产出来的稻米品质好。

1. 黑光灯的装配

①灯管的选择：试验表明，效果最好的是20瓦和40瓦的黑光灯，其次是40瓦和30瓦的紫外灯，最差的是40瓦的日光灯和普通电灯。

②灯管的安装：选购20瓦的黑光灯管，装配上20瓦普通日光灯镇流器，灯架为木质或金属三角形结构。在镇流器托板下面、黑光灯管的两侧，再装配宽为20厘米、长与灯管相同的普通玻璃2~3片，玻璃间夹角为30°~40°。虫蛾扑向黑光灯碰撞在玻璃上，触昏后掉落水中，有利于黄鳝、泥鳅的摄食。

③固定拉线：在田间沟靠近田埂的一侧埋栽高15米的木桩或水泥柱，柱的左右分别拴两根铁丝，间隔50~60厘米，下面一根离水面20~25厘米，拉紧固定后，用来挂灯管。

④挂灯管：在两根铁丝的中心部位，固定安装好黑光灯，并使灯管直立仰空12°~15°角，以增加光照面，1~3亩的稻田一般要挂1组，5~10亩的稻田可安装2组，分别安装在稻田的两个长边的田间沟里就可以了，能解决黄鳝、泥鳅的部分活饵料。

2. 诱虫时间与效果

①诱虫时间：黑光灯诱虫从每年的5月到10月初，共5个月时间。诱虫期内，除大风、雨天外，每天诱虫高峰期在晚上8—9点，此时诱虫量可占当夜诱虫总量的85%以上，午夜12点以后诱虫数量明显减少，为了节约用电，延长灯管使用期，深夜12点以后即可关灯。夏天白昼时间较长，以傍晚开灯最佳，根据测试，如果开灯第1个小时诱集的虫蛾数量总额定为100%的话，那么第2个小时内诱集的虫蛾总量则为38%，第3个小时内诱集的虫蛾总量则为17.3%。因此，每天适时开灯1~2小时效果最佳。

②诱虫种类：据报道，黑光灯所诱集的飞蛾种类较多，有16目79科700余种。虫蛾出现的时间有一定的差别，在7月以前，多诱集到棉铃虫、地老虎、玉米螟、金龟子等，每组灯管每夜可诱集1.5~2.0千克，相当于4~6千克的精饲料；7月气温渐高，多诱集金龟子、蚊、蝇、蜢、蚋、蝗、蛾、蝉等，每夜可诱集3~4千克，相当于10~13千克的精料；从8月开始，多诱集蟋蟀、蝼蛄、蚊、蝇、蛾等，每夜可诱集4~5千克，相当于15~20千克的精料。

③诱虫效果：据观察，一盏100瓦的黑光灯在一夜可以诱杀虫蛾数万只。这些虫子掉进池塘里，会发出扑腾扑腾的声音，直接吸引黄鳝、泥鳅前来捕食，为它们提供大量的蛋白质丰富的动物性鲜活饵料，不仅减少人工投饵，而且黄鳝、泥鳅在争食昆虫时，游动急速，上下蹿动频繁，可促进黄鳝、泥鳅的新陈代谢，增强它们的体质和抗逆性，能有效地减少疾病的发生，对黄鳝、泥鳅的生长发育有良好的促进作用，同时还能保护周围的农作物和森林资源。一只40瓦的黑光灯，开关及时，管理使用得当，每天开灯3小时，在整个养殖期间则可诱集各种虫蛾300千克左右。

在进行灯光诱蛾时，要注意“四不开”：即大风之夜虫蛾数量少可不开灯；圆月之夜黑光灯散出的紫外光和紫光的光点光线比较微弱，可以不开灯；晚上 10 点以后虫蛾诱集的数量逐渐减少，而且虫蛾大都也停止活动，可以不开灯；雨夜，虫蛾的羽翼易受雨淋，很少活动，雨水又易引起灯管爆炸或电线接头短路，故此时也不宜开灯。

# 第七章　水稻栽培技术

在稻田中养殖黄鳝、泥鳅时，水稻的适宜栽种方式有 2 种：一种是手工栽插，另一种就是采用抛秧技术。综合多年的经验、实际用工，以及栽秧时对黄鳝、泥鳅的影响因素，我们建议采用免耕抛秧技术是比较适合的。

稻田免耕抛秧技术是指不改变稻田的形状，在抛秧前未经任何翻耕犁耙的稻田，待水层自然落干或排浅水后，将钵体软盘或纸筒秧培育出的带土块秧苗抛栽到大田中的一项新的水稻耕作栽培技术。这是免耕抛秧的普遍形式，也是非常适用于稻田养殖黄鳝、泥鳅的模式，是将稻田养殖黄鳝、泥鳅与水稻免耕抛秧技术结合起来的一种稻田生态种养技术。

水稻免耕抛秧在稻田养殖黄鳝、泥鳅的应用结果表明，该项技术具有省工节本、减少栽秧对黄鳝、泥鳅的影响和耕作对环沟的淤积影响、提高劳动生产率、缓和季节矛盾、保护土壤和增加经济效益等优点，深受农民欢迎，因而应用范围和面积也在不断扩大。

## 一、水稻品种选择

由于免耕抛秧具有秧苗扎根较慢、根系分布较浅、分蘖发生稍迟、分蘖速度略慢、分蘖数量较少等生长特点，加上养殖黄鳝、泥鳅的稻田一般只种一季稻，选择适宜的高产优质杂交稻品种是非常重要的。水稻品种要选择分蘖能力较强、叶片开张角度小、根系发达、茎秆粗壮、抗病虫害、抗倒伏且耐肥性强的紧穗型且穗型偏大的高产优质杂交稻组合品种，生长期一般以140天以上的品种为宜，目前常用的品种有Ⅱ优63、D优527、两优培九、川香优2号等，另外汕优系列、协优系列等也可选择。

## 二、育苗前的准备工作

免耕抛秧育苗方法与常规耕作抛秧育苗大同小异，但其对秧苗素质的要求更高。

1. 苗床地的选择

免耕抛秧育苗床地比一般育苗要求要略高一些，在苗床地的选择上要求选择没有被污染且无盐碱、无杂草的地方，由于水稻的苗期生长离不开水，因此，要求苗床地的进排水良好且土壤肥沃，在地势上要平坦高燥、背风向阳、四周要有防风设施的环境条件。

2. 育苗面积及材料

根据以后需要抛秧的稻田面积来计算育苗的面积，一般按1∶100～1∶80的比例进行，也就是说育1亩地的苗可以满足80～100亩的稻田栽秧需求。

育苗用的材料有塑料棚布、架棚木杆、竹皮子、每公顷400～500个的秧盘（钵盘），另外还需要浸种灵、食盐等。

3. 苗床土的配制

苗床土的配制原则是要求床土疏松、肥沃，营养丰富、养分齐全，手握时有团粒感，无草籽和石块，更重要的是要求配制好的土壤渗透性良好、保水保肥能力强、偏酸性等。

## 三、种子处理

1. 晒种

选择晴天，在干燥平坦地上平铺席子或在水泥场摊开，将种子放在上面，厚度1寸[①]，晒2~3天，为的是提高种子活性，这里有个小技巧，就是白天晒种，晚上再将种子装起来，另外在晒的时候要经常翻动种子。

2. 选种

这是保证种子纯度的最后一关，主要是去除稻种中的瘪粒和秕谷，种植户自己可以做好处理工作。先将种子下水浸泡6小时，多搓洗几遍，捞除瘪粒；去除秕谷的方法也很简单，就是用盐水来选种。方法是先将盐水配制1∶13比例待用，根据计算，一般可用约500千克水加12千克盐就可以配制出来，用鲜鸡蛋进行盐度测试，鸡蛋在盐水液中露出水面2.5厘米左右就可以了。把种子放进盐水液中，就可以去掉秕谷了，捞出稻谷洗2~3遍，就可以用了。

3. 浸种消毒

浸种的目的是使种子充分吸水有利于发芽；消毒的目的是通过对种子发芽前的消毒，来防止恶苗病的发生概率。目前在农业生产上用于稻种消毒的药剂很多，平时使用较为普遍的就是恶苗净（又称多效灵）。这种药物对预防发芽后的秧苗恶苗病效果极好，使用方法也很简单，取本品1袋（每袋100克），加水50千克，搅拌均匀，然后浸泡稻种40千克，在常温下浸种5~7天就可以了（气温高浸短些，气温低浸长些），浸后无须用清水洗就可直接催芽播种了。

4. 催芽

催芽是稻鳝或稻鳅连作共作的一个重要环节，就是通过一定的技术手段，人为地催促稻种发芽，这是确保稻谷发芽的关键步骤之一。生产实践表明，在28~32℃的温度条件下进行催芽时，能确保发出来的苗芽整齐一致。一些大型的种养户现在都有了催

---

① 1寸≈3.33厘米。

芽器，这时用催芽器进行催芽效果最好。对于一般的种养户来说，没有催芽器，也可以通过一些技术手段来达到催芽的效果，常见的可在室内地上、火炕上或育苗大棚内催芽，效果也不错，经济实用。

这里以一般的种养户为例来说明催芽的具体操作，第 1 步是先把浸好的种子捞出，自然沥干；第 2 步是把种子放到 40 ~ 50 ℃的温水中预热，待种子达到温热（28 ℃左右）时，立即捞出；第 3 步是把预热处理好的种子装到袋子中（最好是麻袋），放置到室内垫好的地上（地上垫 30 厘米厚的稻草，铺上席子）；或者放置在火炕上，也要垫好，种子袋上盖好塑料布或麻袋；第 4 步是加强观察，在种子袋内插上温度计，随时看温度，确保温度维持在 28 ~ 32 ℃，同时保持种子的湿度；第 5 步是每隔 6 个小时左右将装种子的袋子上下翻倒 1 次，使种子温度与湿度尽量上下、左右保持一致；第 6 步是晾种，这是因为种子在发芽的过程中自己产生了大量的二氧化碳，使口袋内部的温度自然升高，稍不注意就会因高温烤坏种子，所以要特别注意，一般 2 天时间就能发芽，当破胸露白 80% 以上时就开始降温，适当晾一晾，芽长 1 毫米左右时就可以用来播种了。

## 四、播种

### 1. 架棚、做苗床

一般用于水稻育苗棚的规格是宽 5 ~ 6 米、长 20 米，每棚可育秧苗 100 平方米左右。为了更好地吸收太阳的光照，促进秧苗的生长发育，架设大棚时以南北向较好。

可以在棚内做 2 个大的苗床，中间为步道 30 厘米宽，方便人进去操作和查看苗情，四周为排水沟，便于及时排除过多的雨水，防止发生涝渍。每平方米施腐熟农肥 10 ~ 15 千克，浅翻 8 ~ 10 厘米，然后耧平，浇透底水。

2. 播种时期的确定

稻种播种时期的确定，应根据当地当年的气温和品种熟期来确定适宜的播种日期。这是因为气温决定了稻谷的发芽，而稻谷发芽最低温为 10～12 ℃，因此，只有当气温稳定通过 5～6 ℃时方可播种，时间一般在 4 月上中旬左右。

3. 播种量的确定

播种量的多少直接影响到秧苗素质，一般来说，稀播能促进培育壮秧。通常旱育苗每平方米播干籽 150 克、芽籽 200 克，机械插秧盘育苗的每盘 100 克芽籽。钵盘育苗的每盘 50 克芽籽。超稀植栽培每盘播 35～40 克催芽种子。总之，播种量一定严格掌握，不能过大，对育壮苗和防止立枯病极为有利。

4. 播种方法

稻谷播种的方法通常有如下 3 种。

①隔离层旱育苗播种：在浇透水的置床上铺打孔（孔距 4 厘米，孔径 4 毫米）塑料地膜，接着铺 2.5～3.0 厘米厚的营养土，每平方米浇 1500 倍敌克松液 5～6 千克，盐碱地区可浇少量酸水（水的 pH 为 4），然后手工播种，播种要均匀，播后轻轻压一下，使种子和床土紧贴在一起，再均匀覆土 1 厘米，最后用苗床除草剂封闭。播后在上边再平铺地膜，以保持水分和温度，以利于整齐出苗。

②秧盘育苗播种：秧盘（长 60 厘米，宽 30 厘米）育苗每盘装营养土 3 千克，浇水 0.75～1.00 千克播种后每盘覆土 1 千克。置床要平，摆盘时要盘盘挨紧，然后用苗床除草剂封闭。上面平铺地膜。

③采用孔径较大的钵盘育苗播种：钵盘目前有 2 种规格：一是每盘有 561 个孔的，另一种是每盘有 434 个孔的。目前常规耕作抛秧育苗所用的塑料软盘或纸筒的孔径都较小，育出的秧苗带土少，抛到免耕大田中秧苗扎根迟、立苗慢、分蘖迟且少，不利

于秧苗的前期生长和黄鳝、泥鳅及时进入大田生长，因此，我们在进行稻鳝或稻鳅连作共生精准种养时，宜改用孔径较大的钵盘育苗，可提高秧苗素质，有利于促进秧苗的扎根、立苗及叶面积发展、干物质积累、有效穗数增多、粒数增加及产量的提高。由于后一种育苗钵盘的规格能育大苗，因此，提倡用434个孔的钵盘，每亩大田需用塑盘42~44个；育苗纸筒的孔径为2.5厘米，每亩大田需用纸筒4册（每册4400个孔）。播种的方法是先将营养床土装入钵盘，浇透底水，用小型播种器播种，每孔播2~3粒（也可用定量精量播种器），播后覆土刮平。

## 五、秧田管理

俗话说："秧好一半稻。"育秧的管理技巧是：要稀播、前期干、中期湿、后期上水。培育带蘖秧苗，秧龄30~40天，可根据品种生育期长短、秧苗长势而定。因此，秧苗管理要求管得细致，一般分4个阶段进行。

第1阶段是从播种至出苗。这段时间主要是做好大棚内的密封保温、保湿工作，保证出苗所需的水分和温度，要求大棚内的温度控制在30℃左右，温度超过35℃时就要及时打开大棚的塑料薄膜，达到通风降温的目的。这一阶段的水分控制是重点，如果发现苗床缺水时就要及时补水，确保棚内的湿度达到要求。在这一阶段，如果发现苗床的底水未浇透，或苗床有渗水现象时，就会经常出现出苗前芽有干枯的现象。一旦发现苗床里的秧苗出齐后就要立即撤去地膜，以免发生烧苗现象。

第2阶段是从出苗开始至出现1.5叶期。在这个阶段，秧苗对低温的抵抗能力还是比较强的，管理的重心是注意床土不能过湿，因为过湿的土壤会影响秧苗根的生长，因此，在管理中要尽量少浇水；另外就是温度一定要控制好，适宜控制在20~25℃，在高温晴天时要及时打开大棚的塑料薄膜，通风降温。

当秧苗长到一叶一心时，要注意防治立枯病，可用立枯一次净或特效抗枯灵药剂，使用方法为每袋40克兑水100～120千克，浇施40平方米的秧苗面积。如果播种后未进行药剂封闭除草，一叶一心期是使用敌稗乳油的最佳时期，用20%敌稗乳油兑水40倍于晴天无露水时喷洒，用药量每亩1千克，施药后棚内温度控制在25℃左右，半天内不要浇水，以提高药效。另外，这一阶段的管理工作还有防止苗枯现象或烧苗现象的发生。

第3阶段是从1.5叶至3叶期。这一阶段是秧苗的离乳期前后，也是立枯病和青枯病的易发期，更是培育壮秧的关键时期，所以这一时期的管理工作千万不可放松。由于这一阶段秧苗的特点是对水分最不敏感，但是对低温抗性强。因此，我们在管理时，都是将床土水分控制在一般旱田状态，平时保持床面干燥就可以了，只有当床土有干裂现象时才浇水，这样做的目的是促进根系发达、生长健壮。棚内的温度可控制在20～25℃，在遇到高温晴天时，要及时通风炼苗，防止秧苗徒长。

在这一阶段有一个最重要的管理工作不可忽视，就是要追1次离乳肥，每平方米苗床追施硫酸铵30克兑水100倍喷浇，施后用清水冲洗1次，以免化肥烧叶。

第4阶段是从3叶期开始直到插秧或抛秧。水稻采用免耕抛秧栽培时，要求培育带蘖壮秧，秧龄要短，适宜的抛植叶龄为3～4片叶，一般不要超过4.5片叶。抛后大部分秧苗倒卧在田中，适当的小苗抛植，有利于秧苗早扎根，较快恢复直生状态，促进早分蘖，延长有效分蘖时间，增加有效穗数。这一时期的重点是做好水分管理工作，因为这一时期不仅秧苗本身的生长发育需要大量水分，而且随着气温的升高，蒸发量也大，培育床土也容易干燥，因此，浇水要及时、充分，否则秧苗会干枯甚至死亡。由于临近插秧期，这时外部气温已经很高，基本上已达到秧苗正常生长发育所需的温度条件，所以大棚内的温度宜控制在

25 ℃以内，在中午时全部掀开大棚的塑料薄膜，保持大通风，棚裙白天可以放下来，晚上外部气温在 10 ℃以上时可不盖棚裙。为了保证秧苗进入大田后的快速返青和生长，一定要在插秧前 3～4 天追 1 次“送嫁肥”，每平方米苗床施硫酸铵 50～60 克，兑水 100 倍，然后用清水洗 1 次。还有一点需要注意的是为了预防潜叶蝇，在插秧前用 40% 乐果乳液兑水 800 倍在无露水时进行喷洒。插前用人工拔一遍大草。

## 六、培育矮壮秧苗

在进行稻鳝或稻鳅连作共生精准种养时，为了兼顾泥鳅的生长发育和在稻田活动时对空间和光照的要求，我们在培育秧苗时，都讲究控制秧苗的高度。为了达到秧苗矮壮、增加分蘖和根系发达的目的，可适当应用化学调控的措施，如使用多效唑、烯效唑、ABT 生根粉、壮秧剂等。目前育秧最常用的化学调控剂是多效唑，使用方法为：①拌种。按每千克干谷种用多效唑 2 克的比例计算多效唑用量，加入适量水将多效唑调成糊状，然后将经过处理、催芽破胸露白的种子放入拌匀，稍干后即可播种。②浸种。先浸种消毒，然后按每千克水加入多效唑 0.1 克的比例配制成多效唑溶液，将种子放入该药液中浸 10～12 小时后催芽。这种方式对稻鳝或稻鳅连作共生精准种养的育秧比较适宜。③喷施。种子未经多效唑处理的，应在秧苗的一叶一心期用 0.02%～0.03% 的多效唑药液喷施。

## 七、抛秧移植

### 1. 施足基肥

每亩施用经充分腐熟的农家肥 200～300 千克、尿素 10～15 千克。均匀撒在田面并用机器翻耕耙匀。

施用有机肥料，可以改良土壤，培肥地力，因为有机肥料的主要成分是有机质，秸秆含有机质达 50% 以上，猪、马、牛、羊、禽类等的粪便有机质含量 30%~70%。有机质是农作物养分的主要资源，还有改善土壤的物理性质和化学性质的功能。

2. 抛植期的确定

抛植期要根据当地温度和秧龄确定，免耕抛秧适宜的抛植叶龄为 3~4 片叶，各地要根据当地的实际情况选择适宜的抛植期，在适宜的温度范围内，提早抛植是取得免耕增产的主要措施之一。抛秧应选在晴天或阴天进行，避免在北风天或雨天中时抛秧。抛秧时大田保持泥皮水。

3. 抛植密度

抛植密度要根据品种特性、秧苗秧质、土壤肥力、施肥水平、抛秧期及产量水平等因素综合确定。在正常情况下，免耕抛秧的抛植密度要比常耕抛秧的有所增加，一般增加 10% 左右，但是在稻鳝或稻鳅连作共生精准种养时，为了给黄鳝或泥鳅提供充足的生长活动空间，我们还是建议和常耕抛秧的密度相当，每亩的抛植棵数，以 1.8 万~1.9 万棵为宜。

## 八、人工移植

在稻田与黄鳝或泥鳅综合种养时，我们重点提倡免耕抛秧，当然还可以实行人工秧苗移植，也就是我们常说的人工栽插。

1. 插秧时期确定

在进行黄鳝或稻鳅连作共生精准种养时，人工插秧的时间还是有讲究的，我们建议在 5 月上旬插秧（5 月 10 日左右），最迟也一定要在 5 月底全部插完秧，不插 6 月秧。具体的插秧时间还受到如下几点因素影响。一是根据水稻的安全出穗期来确定插秧时间，水稻安全出穗期间的温度在 25~30 ℃较为适宜，只有保证出穗时有适合的有效积温，才能保证安全成熟，根据资料表明，江淮一带每年以 8 月上旬出穗为宜；二是根据插秧时的温度来决定插秧时间，一般情况下水稻生长最低温度 14 ℃、泥温 13.7 ℃、叶片生长温度是 13 ℃；三是要根据主栽品种生育期及所需的积温量安排插秧期，要保证有足够的营养生长期，中期的生殖期和后期有一定灌浆结实期。

2. 人工栽插密度

插秧质量要求，垄正行直、浅播、不缺穴。合理的株行距不仅能使个体（单株）健壮生长，而且能促进群体最大发展，最终获得高产。可采取条栽与边行密植相结合、浅水栽插的方法，插秧密度与品种分蘖力强弱、地力、秧苗素质，以及水源等密切相关。分蘖力强的品种插秧时期早，土壤肥沃或施肥水平较高的稻田，秧苗健壮，移植密度以 30 厘米 ×35 厘米为宜，每穴 4～5 棵秧苗，确保黄鳝、泥鳅生活环境通风透气性能好；对于肥力较低的稻田，移栽密度以 25 厘米 ×25 厘米为宜；对于肥力中等的稻田，移栽密度以 30 厘米 ×30 厘米左右为宜。

3. 改革移栽方式

为了适应稻鳝或稻鳅综合种养的需要，我们在插秧时，可以改革移栽方式，目前效果不错的主要有 2 种改良方式：一种是三角形种植，以 30 厘米 ×30 厘米～50 厘米 ×50 厘米的移栽密度、单窝 3 苗呈三角形栽培（苗距 6～10 厘米），做到稀中有密、密中有稀，促进分蘖，提高有效穗数；另一种是正方形种植，也就是行距、窝距相等呈正方形栽培，这样做的目的是可以改善田间通风透光条件，促进单株生长，同时有利于黄鳝或泥鳅的运动和生长。

# 第八章　养殖鳝鳅的田间管理

## 第一节　水质与水色防控

黄鳝、泥鳅在稻田中的生活、生长情况是通过水环境的变化来反映的，水是养殖黄鳝、泥鳅的载体，各种养殖措施也都是通过水环境作用于黄鳝、泥鳅的。因此，水环境成了养殖者和黄鳝、泥鳅之间的“桥梁”，是养殖成败的关键因素。人们研究和处理在稻田里养殖生产中的各种矛盾，主要从黄鳝、泥鳅的生活环境着手，根据黄鳝、泥鳅对稻田水质的要求，人为地控制稻田水质，使它符合黄鳝、泥鳅生长的需要。一旦水环境不适宜，黄鳝、泥鳅就不能很好地生长，甚至影响成活。

在养殖过程中，我们要加强对水质的监管，这是因为稻田里的水质好坏将会直接影响到黄鳝、泥鳅的摄食和生长。例如，稻田里的水温过高或过低、水质不佳时，都可引起黄鳝、泥鳅摄食量的下降，尤其是在水质不良时，如果仍然按照平时的投喂量来投喂，就会出现残饵，残饵会加剧水质、底质的恶化，造成恶性循环，严重的时候会导致黄鳝、泥鳅的窒息死亡。黄鳝、泥鳅的食性杂，不同发育阶段食物种类也有变化，应随着它们个体的增大、摄食能力的逐渐增强，相应地投喂必需的饵料，忌用霉烂变质饲料，并要掌握适宜投饵量以保持水质良好，从而促进黄鳝、泥鳅的迅速生长，预防病害发生。

## 一、水位调节

水位调节，是稻田里养殖黄鳝、泥鳅过程中的重要环节，这是因为稻田水域是水稻和黄鳝、泥鳅共同的生活环境，因此，在稻田里养殖黄鳝、泥鳅时，水的管理应以水稻为主，主要依据水稻的生产需要兼顾黄鳝、泥鳅的生活习性适时调节，采取“前期水田为主，多次晒田，后期干干湿湿”灌溉法。免耕稻田前期渗漏比较严重，秧苗入泥浅或不入泥，大部分秧苗倾斜、平躺在田面，以后根系的生长和分布也较浅，对水分要求极为敏感，因此，在水分管理上要掌握勤灌浅灌、多露轻晒的原则。盛夏高温季节，田内适当加灌深水，调节水温，避免在田面上的黄鳝、泥鳅被烫死。为了保证水源的质量，同时为了保证成片稻田养殖黄鳝、泥鳅时不相互交叉感染，要求进水渠道最好是单独专用的。

1. 立苗期的水位管理

抛秧后 5 天左右是秧苗的扎根立苗期，应在泥皮水抛秧的基础上，继续保持浅水（保持在 10 厘米左右），以利早立苗。如遇大雨，应及时将水排干，以防漂秧。此时期若灌深水，则易造成倒苗、漂苗，不利于扎根；若田面完全无水易造成叶片萎蔫，根系生长缓慢。这一阶段的黄鳝、泥鳅要么可以暂时不放养，要么可以在稻田的一端进行暂养，也可以放养在田间沟里，具体的方法各养殖户可根据自己的实际情况灵活掌握。

2. 分蘖期的水位管理

抛秧后 5～7 天，一般秧苗已扎根立苗，并渐渐进入有效分蘖期，此时可以放养黄鳝、泥鳅，田水宜浅，一般水层可保持在 10～15 厘米。始蘖至够苗期，应采取薄水促分蘖，切忌灌深水，保证水稻的正常生长，坚持每周换水 1 次，换水 5 厘米。

3. 孕穗至抽穗扬花期的水位管理

这一阶段也是黄鳝、泥鳅的生长旺盛期，随着黄鳝、泥鳅的不断长大和水稻的抽穗、扬花、灌浆均需大量水分。在幼穗分化期后保持湿润，在花粉母细胞减数分裂期要灌深水养穗，严防缺水受旱。可将田水逐渐加深到20~25厘米，以确保两者（黄鳝、泥鳅和稻）需水量。在抽穗始期后，田中保持浅水层，可慢慢地将水深再调节到20厘米以下，既增加黄鳝、泥鳅的活动空间，又促进水稻的增产，使抽穗快而整齐，并有利于开花授粉。同时，还应注意观察田沟的水质变化，一般每3~5天换冲水1次；盛夏季节，每1~2天换冲新水，以保持田水清新。

4. 灌浆结实期的水位管理

灌浆期间采取湿润灌溉，保持田面干干湿湿至黄熟期，注意不能过早断水，以免影响结实率和千粒重。

根据免耕抛秧稻分蘖较迟、分蘖速度较慢、够苗时间比常耕抛秧稻迟2~3天、高峰苗数较低、成穗率较高的生育特点，应适当推迟控苗时间，采取多露轻晒的方式露晒田。

## 二、全程积极调控水质

水是黄鳝、泥鳅赖以生存的环境，对黄鳝、泥鳅的生长发育极为重要，也是疾病发生和传播的重要途径，因此，稻田水质的好坏直接关系到黄鳝、泥鳅的生长、疾病的发生和蔓延。除了正常的农业用水外，在黄鳝、泥鳅整个养殖过程中水质调节非常重要，平时应做到如下几点。

①及时调整水色，要保持稻田里的水质“肥、活、嫩、爽”，养殖黄鳝、泥鳅的稻田水色以黄绿色为佳，透明度以20~30厘米为宜，溶解氧的含量达到3.5毫克/升以上，pH在7.6~8.8。经常观察水色变化，当发现水色变为茶褐色、黑褐色或水体溶解氧低于2毫克/升时，要及时加注新水，更换部分老水，定期开启增氧机，以增加水体的溶解氧，避免黄鳝、泥鳅产生应激反应。

②及时施肥，通常每隔15天施肥1次，每次每亩施有机肥15千克左右。也可根据水色的具体情况，每次每亩施1.5千克尿素或2.5千克碳酸氢铵，以保持田水呈黄绿色。

③及时消毒，6—10月每隔2周用二氧化氯消毒1次，若发现水质已富营养化，还可结合使用微生态制剂，适当施一些芽孢杆菌、光合细菌等，以控制水质。光合细菌每次用量为使田水成5~6克/立方米的水体浓度，施用光合细菌5~7天后，水质即可好转。

④对温度进行有效控制，例如，泥鳅最适宜生长的水温为18~28℃，当水温达30℃时，泥鳅大部分钻入泥中避暑，易造成缺氧窒息死亡，此时要经常更换稻田里的水，并增加水深，以调节水温和增加水体溶解氧；当泥鳅常游到水面浮头“吞气”时，表明水中缺氧，应停止施肥，注入新水；同时还要采取遮阳措施，在稻田的田间沟里栽种莲藕等挺水植物遮阴，降低水温。

⑤每天检查、打扫食台1次，观察其摄食情况。每20天用20克/立方米的生石灰全田泼洒1次，每半月用漂白粉1克/立方米消毒食场1次。

⑥防止缺氧。夏季清晨，如果只有少数黄鳝、泥鳅浮出水面，或在不停地上下蹿游，这种情况属于轻度缺氧，太阳升起后便自动消失，如果有大量的黄鳝、泥鳅浮于水面，驱之不散或散后迅速集中，就是缺氧比较严重了，这时一定要及时解救。

⑦做好底质调控工作。在日常管理中做到适量投饵，减少剩余残饵沉底；对田间沟要定期使用底质改良剂，最好少投放过氧化钙、沸石等化学改良剂，多投放光合细菌、活菌制剂等生化试剂。

## 三、危险水色的防控和改良

黄鳝、泥鳅养到中后期，稻田底部的有机质除了耗氧腐败底质外，也对藻类的营养有一定作用，可以促进部分藻类生长。在中后期，我们更要做好的是防止危险水色的发生，并对这种危险水色进行积极的防控和改良。

1. 青苔水

田间沟中青苔大量繁衍对黄鳝、泥鳅的苗种成活率和养殖效益影响极大。造成青苔在稻田中蔓延的主要原因有：①人为诱发：主要是水稻栽插早期，稻田里的水位较浅和光照较强所致。②水源中有较多的青苔：稻田在进水时，水源中的青苔随水流进入稻田中，在适宜的条件如水温、光照、营养等适宜时，会大量繁衍。③大量施肥：养殖户发现田间沟中的水草长势不够理想或发现已有青苔发生时，采用大量施无机肥或农家肥的方式进行肥水，施肥后青苔生长加快，直至稻田的田间沟和田面泛滥过多。④过量投喂：在黄鳝、泥鳅的养殖过程中投喂饲料过多，剩余饲料沉积在田间沟的底部，发酵后引起青苔滋生。

常见的预防措施有：①放养鳝鳅苗种前，最好将稻田里的水抽干，包括田间沟里的水要全部抽干并曝晒1个月以上；②在对田间沟清整时，按每亩稻田（田间沟的面积）用生石灰75～100千克化浆全田泼洒；③在消毒清整田间沟5天后，必须用相应的药物进行生物净化，不仅消除养殖隐患，同时还消除青苔和泥皮；④适度肥水，防止青苔发生；⑤合理投喂，防止饲料过剩，饲料必须保持新鲜。

2. 老绿色（或深蓝绿色）水

稻田中尤其是田间沟里的微囊藻（蓝藻的一种）大量繁殖，水质浓浊，透明度在20厘米左右。通常在稻田的下风处，水表层往往有少量绿色悬浮细末，若不及时处理，稻田里的水会迅速老化，藻类易大量死亡，如果黄鳝、泥鳅长期在这种水体中生活，就会容易发病、生长缓慢、活力衰弱。

一旦稻田里的水出现这种情况时，一是立即换排水；二是可全田泼洒解毒药剂，减轻微囊藻对黄鳝、泥鳅的毒性伤害。

3. 黄泥色水

黄泥色水，又称泥浊水，主要是由于稻田尤其是田间沟的底质老化，底泥中有害物质含量超标，底泥丧失应有的生物活性，遇到天气变化就容易出现泥浊现象。还有一种造成黄泥色水的原因是，稻田中含黄色鞭毛藻，稻田的田间沟中积存太久的有机物，经细菌分解，使稻田里的水的 pH 下降时易产生此色。养殖户大多采取聚合氯化铝、硫酸铝钾等化学净水剂处理，但是只能有一时之效，却不能除根。

一旦稻田里的水出现这种情况时，一是要及时换水，增加溶解氧，如 pH 太低，可泼洒生石灰调水；二是及时引进 10 厘米左右的含藻水源；三是用肥水培藻的生化药品在晴天上午 9 点全田泼洒，目的是培养水体中的有益藻群；四是待肥好水色、培起藻后，再追肥来稳定水相和藻相，此时将水色由黄色向黄中带绿、淡绿、翠绿转变。

4. 油膜水

油膜水就是在稻田里尤其是田间沟的下风处会出现一层像油膜一样的水，这是一种很不好的水色，也是稻田里水质即将发生质变、恶化的前兆。发生这种情况的原因主要有以下几点：一是稻田里的水长期没有更换，形成死水，导致田间沟里的水质开始恶化，沟底部产生大量有毒物质，导致大量浮游生物死亡，尤其是藻类的大量死亡，在下风口水面形成一层油膜；二是在给黄鳝、泥鳅大量投喂劣质饲料时，这些饵料没有及时被黄鳝、泥鳅摄食完毕，就会形成残饵漂浮在水面上；三是稻田里的稻桩腐烂、霉变产生的漂浮物与水中悬浮物构成一道混合膜。

一旦稻田里的水出现这种情况时，一是要加强对养殖鳝鳅稻田的巡查工作，关注下风口处，把烂草、垃圾等漂浮物打捞干净；二是排换水 5～10 厘米后，使用改底药物全田泼洒，改良底部；三是在改底后的5小时内，施用市售的药品全田泼洒，破坏水面膜层；四是在破坏水面膜层后的第3天用解毒药物进行解毒，解毒后泼洒相关药物来修复水体，净化水质。

## 第二节　稻田养殖鳝鳅的几个管理环节

### 一、科学施肥

大田肥料施用量和施肥方法要根据稻田表土层富集养分、下层养分较少的养分分布特点和免耕抛秧稻扎根立苗慢、根系分布浅、分蘖稍迟、分蘖速度较慢、分蘖节位低、够苗时间较迟、苗峰较低等生育特点进行。我们在进行稻田养殖黄鳝、泥鳅时，稻田一般以施基肥和腐熟的农家肥为主，促进水稻稳定生长，保持中期不脱力、后期不早衰，群体易控制。在抛秧前2~3天施用，采用有机肥和化肥配合施用的增产效果最佳，且兼有提高肥料利用率、培肥地力、改善稻米品质等作用，每亩可施农家肥300千克、尿素20千克、过磷酸钙20~25千克、硫酸钾5千克。如果是采用复合肥作基肥的每亩可施15~20千克。

放养鳝苗、鳅苗后一般不施追肥，以免降低田间沟中水体的溶解氧，影响黄鳝、泥鳅的正常生长。如果发现稻田脱肥，可少量追施尿素，采取勤施薄施方式，每亩不超过5千克，以达到促分蘖、多分蘖、早够苗的目的。原则是“减前增后，增大穗、粒肥用量”，要求做到“前期轰得起（促进分蘖早生快发，及早够苗），中期控得住（减少无效分蘖数量，促进有效分蘖生长），后期稳得起（养根保叶促进灌浆）”。施肥的方法是先排浅田水，让黄鳝、泥鳅集中到鱼沟中再施肥，有助于肥料迅速沉积于底泥中并为田泥和禾苗吸收，随即加深田水到正常深度；也可采取少量多次、分片撒肥或根外施肥的方法。在水稻抽穗期间，要尽量增施钾肥，可增强抗病，防止倒伏，提高结实，成熟时秆青籽黄。

## 二、科学施药

稻田养殖黄鳝、泥鳅能有效地抑制杂草生长，因为黄鳝、泥鳅本身可以摄食稻田里的昆虫，可以有效地降低病虫害发生的概率，所以要尽量减少除草剂及农药的施用。黄鳝、泥鳅入田后，若再发生草荒，可人工拔除。如果确因稻田病害或黄鳝、泥鳅的疾病严重需要用药时，应掌握以下几个关键：①科学诊断，对症下药，不乱用药；②选择高效低毒低残留农药，降低药物对黄鳝泥鳅的伤害和对环境的污染；③喷洒农药时，一般应加深田水，降低药物浓度，减少药害，也可放干田水再用药，待 8 小时后立即上水至正常水位；④粉剂药物应在早晨露水未干时喷施，水剂和乳剂药应在下午喷洒；⑤降水速度要缓，等黄鳝、泥鳅爬进鱼沟后再施药；⑥可采取分片分批的用药方法，即先施稻田一半，过 2 天再施另一半，同时尽量避免农药直接落入水中，以保证黄鳝、泥鳅的安全。

## 三、科学晒田

水稻在生长发育过程中的需水情况是在变化的，对于养殖黄鳝、泥鳅的水稻田来说，养殖需水与水稻需水是主要矛盾。田间水量多，水层保持时间长，对黄鳝、泥鳅的生长是有利的，但对水稻生长却是不利的。农谚对水稻用水进行了科学的总结，那就是“浅水栽秧、深水活棵、薄水分蘖、脱水晒田、复水长粗、厚水抽穗、湿润灌浆、干干湿湿”。具体来说，就是当秧苗在分蘖前期湿润或浅水干湿交替灌溉促进分蘖早生快发；到了分蘖后期“够苗晒田”，即当全田总苗数（主茎 + 分蘖）达到每亩 15 万 ~

18 万棵时排水晒田，如长势很旺或排水困难的田块，应在全田总苗数达到每亩 12 万～15 万棵时开始排水晒田；到了稻穗分化至抽穗扬花时，可采取浅水灌溉促大穗；最后在灌浆结实期时，可采用干干湿湿交替灌溉、养根保叶促灌浆的技术措施。

有经验的老农常常会采用晒田的方法来抑制无效分蘖，这时的水位很浅，这对养殖黄鳝、泥鳅又是非常不利的，因此，要做好稻田的水位调控工作是非常有必要的，生产实践中我们总结了一条经验，那就是“平时水沿堤，晒田水位低，沟溜起作用，晒田不伤鳝鳅”。晒田前，要清理鱼沟、鱼溜，严防鱼沟里阻隔与淤塞。晒田总的要求是轻晒或短期晒，晒田时，沟内水深保持在 13～17 厘米，使田块中间不陷脚，田边表土不裂缝和发白，以见水稻浮根泛白为适度。晒好田后，及时恢复原水位。尽可能不要晒得太久，以免黄鳝、泥鳅缺食太久影响生长。

### 四、田水的管理

稻田水域是水稻和黄鳝、泥鳅共同的生活环境，稻田养殖黄鳝、泥鳅，水的管理主要依据水稻的生产需要兼顾黄鳝、泥鳅的生活习性适时调节，多采取“前期水田为主，多次晒田，后期干干湿湿灌溉法”。盛夏高温季节，田内适当加灌深水，调节水温，避免黄鳝、泥鳅烫死；水稻分蘖前，用水适当浅些，以促进水稻生根分蘖，坚持每周换水 1 次，换水 5 厘米；在换水后 5 天，每亩田用生石灰化浆后趁热全田均匀泼洒；8 月下旬开始晒田，晒田时降低水位到田面以下 3～5 厘米，然后再灌水至正常水位；对水稻拔节孕穗期开始至乳熟期，保持水深 5～8 厘米，往后灌水与露田交替进行，直到 10 月中旬；露田期间要经常检查进出水口，严防水口堵塞和黄鳝、泥鳅的外逃；雨季来到时，要做好平水缺口的管理工作。

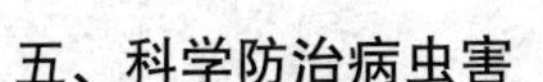

## 五、科学防治病虫害

1. 水稻的病虫害预防

水稻的病虫害预防主要是做好稻瘟病、穗颈瘟病、纹枯病、白叶枯病、细菌性条斑病，以及三化螟、稻纵卷叶螟、稻飞虱等病虫害的防治。特别要注意加强对三化螟的监测和防治，浸田用水的深度和时间要保证，尽量减低三化螟虫源。同时，防治螟虫要细致、彻底。所有的用药一定要用低毒、高效的生化药物，不得用相关部门禁用的药物。应选择高效低毒浓药如井冈霉素、杀虫双、三环唑等，而且应分批下药。喷药时，喷头向上对准叶面喷施，不要把药液喷到水面，采取加高水位，降低药物浓度或降低水位，只保留鱼沟、鱼溜有水的办法，防止农药对黄鳝、泥鳅产生不良影响。要注意的是喷雾药剂宜选在稻叶露水干之后，喷粉药剂宜在露水干之前。另外，也不要使用除草剂。

对于稻田的虫害，可以减少施药次数，一方面黄鳝、泥鳅能摄食部分田间小型昆虫（包括水稻害虫），故虫害较少，另一方面可在稻田里设置太阳能杀虫灯，利用物理方法杀死害虫，同时这些落到稻田里的害虫也是黄鳝、泥鳅的好饵料。

2. 稻田里黄鳝、泥鳅的病害防治

对黄鳝、泥鳅的病害防治，在整个养殖过程中，始终坚持以预防为主、治疗为辅的原则。

①在黄鳝、泥鳅入田时，要严格进行稻田、鳝种和鳅种的消毒，杜绝病原菌入田。

②在鳝种和鳅种搬动、放养过程中，不要用干燥、粗糙的工具，保持鳝体和鳅体湿润，防止损伤，若发现患病的鳝鳅，要及时捞出、隔离，防止疾病传播，并请技术人员或有经验的人员诊断、治疗。

③对黄鳝、泥鳅的疾病以预防为主，一旦发现病害，立即诊

断病因，辨证施治科学用药。

④定期防病治病，每半月1次，用生石灰或漂白粉泼洒四周环沟，或定期用漂白粉或生石灰等消毒田间沟，以预防黄鳝、泥鳅生病。a. 生石灰挂篓，每次2~3千克，分3~4个点挂于沟中；b. 用漂白粉0.3~0.4千克，分2~3处挂袋。

⑤定期使用呋喃唑酮（痢特灵）或鱼血散等内服药拌饲投喂，以防肠炎等病。每月用呋喃唑酮药饵10~20克，配50千克饲料投喂2~3天，防止赤皮病。

⑥坚持防重于治的原则，养殖黄鳝、泥鳅的稻田水浅，要常换新水，保持水质清新。

3. 黄鳝、泥鳅敌害生物的预防

由于稻田是一种开放式的水体，稻田里存在一些敌害也是正常的，常见的敌害有水蛇、青蛙、蟾蜍、水蜈蚣、老鼠、水鸟等，应及时采取有效措施驱逐或诱灭，平时及时做好灭鼠工作，春夏季需经常清除田内蛙卵、蝌蚪等。我们在技术服务过程中发现，水鸟和麻雀都喜欢啄食幼小的黄鳝和泥鳅，因此，一定要注意及时驱除。在放鳝苗和鳅苗的初期，稻株茎叶不茂，田间水面空隙较大，此时黄鳝、泥鳅个体较小，活动能力较弱，逃避敌害的能力较差，容易被敌害侵袭。到了收获时期，由于田水排浅，黄鳝、泥鳅有可能到处爬行，目标会更大，也易被鸟、兽捕食。对此，要加强田间管理，及时驱捕敌害，有条件的可在田边设置一些彩条或稻草人，恐吓、驱赶水鸟。另外，当黄鳝、泥鳅放养后，还要禁止家养鸭子下田沟，避免损失。

## 六、其他的日常管理

在水稻田里养殖黄鳝、泥鳅，除了做好施肥、施药、田水管理和投喂饵料外，还要加强其他的日常管理，这样才能做到水稻和黄鳝、泥鳅双丰收，达到高产高效的目的。

①放养黄鳝、泥鳅的稻田，要做到专人负责管理，经常整修加固田埂。力争天天能巡田一两次，以便及时发现问题并处理问题。

②为防止暴雨季节黄鳝、泥鳅逃逸，事前应采取防备措施，如加高田埂和加大排水力度等。降雨量大时，将田内过量的水及时排出，以防鳝鳅逃逸。

③加强巡查力度，看看鱼沟、鱼溜是否畅通，检查、修复防逃设施，特别是在稻田晒田、施肥、施药前和阴雨天更要注意仔细检查漏洞，并及时添堵漏洞，清除进排水口拦鱼栅上的杂物。

④注意观察黄鳝、泥鳅的活动情况，如果发现黄鳝、泥鳅时常游到水面“换气”或在水面游动，表明要注入新水，停止施肥。

⑤双季晚稻栽种时，最好采用免耕法，可避免机械损伤黄鳝、泥鳅。同时要严防天敌入侵，如水蛇、鸭等下田吞食黄鳝、泥鳅。

⑥注意水源的供应，严禁含有甲胺磷、毒杀芬、呋喃丹、五氯酚钠等剧毒农药的水流入田里。

## 七、稻谷收获后的稻桩处理

稻谷收获一般采取收谷留桩的办法，然后将水位提高至40～50厘米，并适当施肥，促进稻桩返青，为黄鳝、泥鳅提供避荫场所及天然饵料来源；有的由于收割时稻桩留得低了一些，水淹的时间长了，会导致稻桩腐烂，这就相当于人工施了农家肥，可以提高培育天然饵料的效果，但要注意不能长期让水质处于过肥状态，可适当通过换水来调节。

# 第九章　鳝鳅疾病的防治

## 第一节　鳝鳅发病的原因

### 一、鳝鳅生病的综合因素

根据鱼病专家长期的研究和我们在养殖过程中的细心观察表明，黄鳝、泥鳅发生疾病的原因可以从内因和外因两个方面进行分析，因为任何疾病的发生都是由于机体所处的外部环境与机体的内在因素共同作用的结果。在查找病源时，不能只考虑某一个因素，应该把外界因素和内在因素联系起来加以考虑，这样才能正确找出发病的原因。根据鱼病专家分析，鱼病发生的原因主要包括致病微生物的侵袭、敌害生物的威胁、环境条件的影响和养殖者人为因素等。

### 二、致病微生物的侵袭

常见的黄鳝、泥鳅疾病多数都是由于各种致病的生物传染或侵袭到鱼体而引起的，这些致病生物称为病原体。能引起鱼类生病的病原体主要包括真菌、病毒、细菌、霉菌、藻类、原生动物，以及蠕虫、蛭类和甲壳动物等，这些病原体是影响黄鳝、泥鳅健康的罪魁祸首。在这些病原体中，有些个体很小，需要将它们放大几百倍甚至几万倍后才能看见，鱼病专家称它们为微生物，如病毒、细菌、真菌等。由于这些微生物引起的疾病具有强烈的传染性，所以又被称为传染性疾病。有些病原体的个体较大，如蠕虫、甲壳动物等，统称为寄生虫，由寄生虫引起的疾病又被称为侵袭性疾病或寄生虫病。

### 三、敌害生物的威胁

在稻田里进行黄鳝、泥鳅的养殖时，有能直接吞食或直接危害黄鳝、泥鳅的敌害生物，如稻田内的青蛙会吞食鳝鳅的卵和幼苗。稻田里如果有乌鳢生存，喜欢捕食各种小型鱼类作为活饵，尤其是在它的繁殖季节，一旦它的产卵孵化区域有鱼类游过，乌鳢亲鱼就会毫不留情地扑上去捕食这些鱼，因此，稻田中有这些生物存在时，对黄鳝、泥鳅的危害极大，要及时予以捕杀。

根据我们的观察及参考其他养殖户的实践经验，认为在稻田养殖时，鱼类的敌害主要有鼠、蛇、鸟、蛙、其他凶猛鱼类、水生昆虫、水蛭、青泥苔等，这些天敌一方面直接吞食幼苗而造成损失；另一方面，它们已成为某些鱼类寄生虫的宿主或传播途径，如复口吸虫病可以通过鸥鸟等传播给其他鱼类。

### 四、水质关系到鳝鳅的健康

黄鳝、泥鳅生活在稻田这个特殊的水环境中，水质的好坏直接关系到黄鳝、泥鳅的生长，好的水环境将会使鳝鳅不断增强适应生活环境的能力。如果生活环境发生变化，就可能不利于它们的生长发育，当黄鳝、泥鳅的机体适应能力逐渐衰退而不能适应环境时，就会失去抵御病原体侵袭的能力，从而导致疾病的发生，因此，在我们水产行业内，有句话就是“养鱼先养水”，就是要在养殖前先把水质培育成适宜黄鳝、泥鳅养殖的“肥、活、嫩、爽”的标准。影响水质变化的因素有水体的 pH、溶解氧、有机耗氧量、透明度、氨氮含量等理化指标。

## 五、底质影响鳝鳅的健康

黄鳝、泥鳅是典型的底栖类生活习性，它们的生活生长都是在水底中进行的，肯定离不开底质。因此，稻田底质尤其是田间沟底质的优良与否会直接影响到黄鳝、泥鳅的活动能力，也是决定它们是否生病的关键因素之一，从而影响它们的生长、发育，甚至于它们的生命，进而会影响到养殖产量与养殖效益。

底质中尤其是淤泥中含有大量的营养物质与微量元素，这些营养物质与微量元素对饵料生物的生长发育、水草的生长与光合作用都具有重要意义。当然，淤泥中也含有大量的有机物，会导致水体耗氧量急剧增加，往往造成田间沟缺氧泛塘。同时，有学者指出，在缺氧条件下，有机质分解后，往往会产生各种有毒物质，如硫化氢、亚硝酸盐等，结果就会导致黄鳝、泥鳅中毒现象发生，甚至发生疾病而导致死亡。

稻田田间沟底质变黑发臭的原因，主要由以下几点造成的：清淤不彻底、田间沟设计不科学、投饵不讲究、用药不恰当及稻田里的青苔影响了底质。我们在平时要注意多观察，根据具体的情况采取科学的措施，及时改良底质，确保鳝鳅的健康生长。

## 六、酸碱度对鳝鳅疾病的影响

一般来讲，酸碱度即 pH 在 7.5～8.5，即中性偏碱都是黄鳝、泥鳅生长的最适范围。以泥鳅为例，当水质偏酸时，泥鳅生长缓慢，pH 在 5～6.5 时，许多有毒物质在酸性水体中的毒性也往往增强，导致泥鳅体质变差，易患打粉病。在饲养过程中可用石灰水进行调节，也可用 1% 的碳酸氢钠溶液来调节水的酸碱度。但是若饲养水过度偏碱，高于 9.5 以上时，泥鳅的鳃会受刺激而分泌大量的黏液，妨碍泥鳅的正常呼吸，即使在溶解氧丰富的情况下也易发生浮头现象，最终导致泥鳅生长不良，极易患病，甚至死亡。此时可用1%的磷酸二氢钠溶液来调节酸碱度。

## 七、溶氧量对鳝鳅疾病的影响

黄鳝和泥鳅的呼吸机制都很特殊，它们都有肠呼吸和皮肤呼吸的功能，对水体中溶解氧的忍受能力很强，一般而言，溶解氧较低时对它们的生命没有太大的威胁，但是长期处于低溶解氧中的黄鳝、泥鳅，会对它们的生长发育造成影响。另外，如果在饲养过程中黄鳝、泥鳅的密度大，又没有及时换水，造成了水中黄鳝、泥鳅和其他鱼类的排泄物和分泌物过多、微生物滋生、蓝绿藻类浮游生物生长过多，都可使水质变浑、变坏，从而导致鳝鳅发病。

## 八、毒物对鳝鳅疾病的影响

对黄鳝、泥鳅有害的毒物很多，常见的有硫化氢及各种防治疾病的一些重金属盐类。这些毒物不但可能直接引起黄鳝、泥鳅中毒，而且能降低它们机体的防御机能，致使病原体容易入侵。急性中毒时，黄鳝、泥鳅在短期内会出现中毒症状或迅速死亡。当毒物浓度较低时，则表现出现慢性中毒，短期内不会有明显的症状，但生长缓慢或出现畸形，容易患病。现在各个地方甚至农村，各种工厂、矿山、工业废水和生活污水日益增多，含有一些重金属毒物（铅、锌、汞）、硫化氢、氯化物等物质的废水如果进入稻田，重则引起稻田里黄鳝、泥鳅的大量死亡，轻则影响它们的健康，使鳝鳅的抗病机能削弱或引起传染病的流行。例如，有些地方，土壤中重金属盐（铅、锌、汞等）含量较高，如果在这些地方利用稻田进行黄鳝、泥鳅的养殖，容易引起黄鳝、泥鳅的弯体病。

## 九、饲喂不当造成鳝鳅生病

“长嘴就要吃”，我们在稻田里养殖黄鳝、泥鳅时，如果投喂不当、投食不清洁或变质的饲料、或饥或饱及长期投喂单一饲料、饲料营养成分不足、缺乏动物性饵料和合理的蛋白质、维生素、微量元素等，这些不科学的投喂方式都有可能导致黄鳝、泥鳅摄食不正常或消化不良，从而导致它们缺乏营养，造成体质衰弱，就容易感染患病。当然投饵也不能过多，以黄鳝、泥鳅在2小时内吃完为止，如果投喂过多且没有被黄鳝、泥鳅吃完，散落在稻田里的饲料就会慢慢溶失在水里，从而引起水质腐败，促进细菌繁衍，导致黄鳝、泥鳅罹患多种疾病。另外，投喂的饵料变质、腐败，就会直接导致黄鳝、泥鳅中毒生病，因此，在投喂时要讲究“四定”技巧，在投喂配合饲料时，要求投喂的配合饵料应与黄鳝、泥鳅的生长需求一致，这样才能确保它们的营养良好、身体健壮。

# 第二节　识别鳝鳅生病

我们发现有许多养殖户在平时不注意观察黄鳝、泥鳅的各种表现，一旦发现黄鳝、泥鳅生病了才急忙求医问药，这时已经晚了，笔者认为黄鳝、泥鳅疾病如果等到症状出现时再治疗往往已经太晚而且难以治愈了，不让黄鳝、泥鳅患病的秘诀就是早发现、早预防、早治疗。因此，平日应多注意观察养殖阶段的黄鳝、泥鳅，多看看它们的表现，重点可以从如下几个方面初步判别是否发病，然后再通过检测患病的它们的各项生理指标、患病鳝鳅的症状和显微镜检查的结果作出确诊。由于黄鳝、泥鳅具有共性，故本节就以泥鳅为例来说明识别黄鳝、泥鳅发生疾病的技巧。

## 一、根据疾病的特点来判断

有时泥鳅出现不正常的现象时，极有可能是缺氧、中毒等原因。导致鱼体不正常或者发生死亡现象，一般情况下可以通过以下的几个症状做出快速判断：一是死亡迅速，除有些因素导致的慢性中毒外，泥鳅一旦在较短的时间内出现大批死亡，就可能不是疾病引起的；二是症状相同，由于在小环境内，对饲养在一起的鱼体具有相同的影响，所以，如果全部饲养鱼所表现出来的症状、病程和发病时间都比较一致时，就可以判断不是疾病引起的；三是恢复快，只要环境因素改善后，泥鳅可以在短时间内就能减轻症状，甚至恢复正常，一般都不需要长时间的治疗，这就说明泥鳅可能是浮头或中毒造成的。

## 二、根据疾病发生的季节特点来判断

许多泥鳅疾病的发生是在不同的季节发生的，这是因为各种不同的病原体都具有最适合其生长、繁殖的条件和温度，而这些均与季节有关，所以可根据鱼病发生的不同季节做出初步判断。如泥鳅的出血病主要发生在 7—9 月的炎热季节，水霉病则多发生在春初秋末等凉爽的季节，湖靛、青泥苔等有害水生植物不会在冬季出现。

## 三、根据泥鳅的摄食来判断

当气温、水温及养殖环境无任何改变，而且饲料的质量及加工、投喂等均无变化时，泥鳅的摄食量却明显减少，可怀疑泥鳅已经生病，这时可通过检查饵料台、对饵料台进行消毒等措施来进一步判断。

## 四、根据鳅体的症状来判断

一般不同的鳅病在鳅体上表现是不同的，这样就可以快速做出判断，但是还有许多鳅病的病原体虽然不同，却在鳅体外观上表现是差不多的，这个时候就要求养殖户根据多种因素做出综合判断。如果泥鳅体表出现腐烂、白毛、异常斑块、寄生虫等，鳅体发红，非繁殖季节而肛门红肿，黏液脱落等，可怀疑已经生病。

## 五、根据泥鳅的栖息环境来判断

例如，肠炎、赤皮病、烂鳃病、打粉病等都发生在呈酸性的水域环境中，中华鳋、锚头鳋、鱼鲺等寄生虫病则多发生在弱碱性的水域环境中。当泥鳅处于不同的水域环境中，就有可能发生不同的疾病。可以通过泥鳅生活习性的改变来判断它是否生病，一般正常的泥鳅平时应隐藏于草丛中或泥洞内。在稻田里没有青苔及杂草的情况下，如果发现泥鳅在白天的非吃食时间将头长时间伸出水面，既不入洞也不躲藏到草丛中，一旦发生这些异常的现象都可怀疑其已经生病。

## 六、根据泥鳅对外界的反应程度来判断

正常的泥鳅对外界的反应是非常灵敏的，它会对意外的声响、振动、水动等均会迅速做出反应，如一遇到动静就会快速游走。当我们走近田埂边时，发现泥鳅无动于衷，仍浮在水面吃水，或贴在田埂边上懒于游动，如果跺脚或拍打地面等发出振动或响声时，泥鳅才慢慢进入水中，但不一会儿又懒洋洋地浮于水面，这些反应迟钝的泥鳅，很有可能就是生病了。

## 七、根据泥鳅的活动情况来判断

一般泥鳅是静静地待在洞穴中或躲藏在草丛中的，如果它的

体表或体内有寄生虫寄生时，就会发生焦躁不安、急躥的情况；当寄生情况严重时，它会受不了而不断地出现翻滚、上浮下游或螺旋形或突然性蹿跳，不断地用身体磨擦田埂、饲料台，这就是生病的表现了，极有可能是体表寄生虫寄生，如中华鳋、锚头鳋、日本新鳋、鱼鲺等。

### 八、通过泥鳅的体质来判断

正常的泥鳅体质良好时，它的身体是匀称的，头小、体圆而短，富有美感，如果发现相当一部分的泥鳅出现头大、体细、尾尖时，说明有 3 种可能性：一是泥鳅的营养不良，二是泥鳅中毒了，三是泥鳅生病了。

### 九、通过体色的表现来判断

泥鳅的体色变得暗淡而无光泽，鱼体消瘦，身体局部有红肿发炎、溢血点或溃疡点，鱼鳍充血，周身鳍片竖立，尾鳍末端有腐烂现象，这些都是生病的前兆。

皮肤变成灰白色或白色，体表覆盖一层棉絮状白毛或出现小白点，肌肉糜烂，这是水霉病的症状。

## 第三节 鳝鳅疾病常用的治疗方法

黄鳝、泥鳅患病后，首先应对其进行正确而科学的诊断，根据病情病因确定有效的药物；其次是选用正确的给药方法，充分发挥药物的效能，尽可能地减少不良反应。不同的给药方法，决定了对鳝鳅疾病治疗的不同效果。

常用的黄鳝、泥鳅给药方法有如下几种。

## 一、挂袋（篓）法

挂袋法即局部药浴法，把药物尤其是中草药放在自制布袋或竹篓或袋泡茶纸滤袋里挂在投饵区中，形成一个药液区，当黄鳝、泥鳅进入食区或食台时，使鳝鳅机体得到消毒和杀灭鳝鳅体外病原体的机会。通常要连续挂3天，常用药物为漂白粉和敌百虫。另外如果稻田周边水体循环不畅，病菌病毒容易滋生繁衍；靠近底质的深层水体，有大量病菌病毒生存；固定食场附近，黄鳝、泥鳅的排泄物、残剩饲料集中，病原体的密度也比较大。对于这些地方，必须在泼洒消毒药剂的同时，进行局部挂袋处理，比重复多次泼洒药物效果好得多。

此法只适用于预防及疾病的早期治疗。优点是用药量少，操作简便，没有危险及不良反应小。缺点是杀灭病原体不彻底，因只能杀死食场附近水体的病原体和常来吃食的黄鳝、泥鳅身体表面的病原体，对于那些没有游过来的黄鳝、泥鳅就不起作用。

## 二、浴洗法

这种方法又叫浸洗法，就是将有病的黄鳝、泥鳅集中到较小的容器中，放在按特定配制的药液中进行短时间强迫浸浴一下，来达到杀灭黄鳝、泥鳅体表和鳃上的病原体的一种方法。它适用于个别黄鳝、泥鳅或小批量患病的黄鳝、泥鳅使用。浴洗法主要是驱除体表寄生虫及治疗细菌性的外部疾病，也可利用皮肤组织的吸收作用治疗细菌性内部疾病。具体用法如下：根据患病黄鳝、泥鳅的数量来决定使用容器的大小，一般可用面盆或小缸放2/3的新水，根据黄鳝、泥鳅的大小和当时的水温，按各种药品剂量和所需药物浓度，配好药品溶液后就可以把患病鳝鳅浸入药品溶液中治疗了。

浴洗时间也有讲究，一般短时间药浴使用浓度高、时间短，常用药为亚甲基蓝、红药水、敌百虫、高锰酸钾等；长时间药浴则用食盐水、高锰酸钾、福尔马林、呋喃剂、抗生素等。具体时间要根据黄鳝、泥鳅个体大小、水温、药液浓度和鳝鳅的健康状况而定。一般个体大、水温、药液浓度低和健康状态尚可时，它们的浴洗时间可以适当长些。反之，浴洗时间应稍短些。

值得注意的是，浴洗药物的剂量必须精确，如果浓度不够，则不能有效地杀灭病菌；浓度太高，则易对黄鳝、泥鳅造成毒害，甚至死亡。

浴洗法的优点是用药量少、准确性高，不影响水体中浮游生物的生长。缺点是不能杀灭水体中的病原体，况且拉网捕鳝捉鳅既麻烦又易碰伤黄鳝、泥鳅，所以通常配合转养其他稻田或运输前后预防消毒用。

### 三、泼洒法

泼洒法就是根据黄鳝、泥鳅的不同病情和稻田中总的水量算出各种药品剂量，配制好特定浓度的药液，然后向田间沟内慢慢泼洒，使田间沟内水中的药液达到一定浓度，从而杀灭黄鳝、泥鳅体表及水体中病原体。如果田间沟的面积太大，则可把患病黄鳝、泥鳅用渔网牵往田间沟的一边，然后将药液泼洒在鱼群中，从而达到治疗的目的。

泼洒法的优点是杀灭病原体较彻底，预防、治疗均适宜。缺点是用药量大，易影响水体中浮游生物的生长。

值得注意的是，为了提高泼洒药液的效果，可以在用药前一天慢慢地降低稻田的水位，让稻田田面上的黄鳝、泥鳅全部退回到田间沟里，然后继续将田间沟里的水位下降 5～10 厘米，再用药物进行泼洒。这样的做法有 2 个好处，一是能集中对所有的黄鳝、泥鳅进行药物处理，二是能有效地降低药物的使用量，减少养殖户的成本投入。

## 四、内服法

内服法就是把治疗黄鳝、泥鳅疾病的药物或疫苗掺入患病黄鳝、泥鳅爱吃的饲料，或者把粉状的饲料挤压成颗粒状、片状后来投喂鳝鳅，从而达到杀灭它们体内病原体的一种方法。但是这种方法常用于预防或鱼病初期，同时，这种方法有一个前提，即黄鳝、泥鳅自身一定要有食欲的情况下使用，一旦病鱼已失去食欲，此法就不起作用了。一般用面粉 3～5 千克加诺氟沙星（氟哌酸）1～2 克或复方新诺明 2～4 克加工制成饲料，可鲜用或晒干备用。投喂时要视黄鳝、泥鳅的大小、病情轻重、天气、水温和鱼的食欲等情况灵活掌握，预防治疗效果良好。

内服法适用于预防及治疗初期病鱼，当病情严重，患病黄鳝、泥鳅已停食或减食时就很难收到效果了。

## 五、注射法

注射法是对各类细菌性疾病注射水剂或乳剂抗生素的治疗方法，常采取肌内注射或腹腔注射的方法将药物注射到患病黄鳝、泥鳅的腹腔或肌肉中杀灭其体内病原体。

注射前鱼体要经过消毒麻醉，适于水温低于 15 ℃的天气，以黄鳝、泥鳅抓在手中跳动无力为宜。注射方法和剂量：如果通过肌肉注射时，注射部位宜选择在背鳍基部前方肌肉丰厚处。如果是采用腹腔注射，注射部位宜选择在胸鳍基部突起处。一般采用腹腔注射，深度不伤内脏为宜，针头以进针 45°角为宜。剂量为体长 10 厘米的黄鳝、泥鳅每尾注射 0.2 毫升。注意：要使用连续注射器，刺着骨头要马上换位，体质瘦弱的黄鳝、泥鳅不要注射。

注射法的优点是鱼体吸收药物更为有效、直接、药量准确，且吸收快、见效快、疗效好，缺点是太麻烦也容易弄伤鳝鳅，且对较小的幼鱼无法使用。因此，此法一般只适用于亲本鳝鳅的治疗，人工疫苗通常也是注射法。

## 第四节　鳝鳅疾病的预防措施

在人工养殖时，黄鳝、泥鳅虽然生活在人为调控的小环境里，养殖人员的专业水平一般较高，可控性及可操作性也强，有利于及时采取有效的防治措施。但是它们毕竟生活在水里，一旦生病尤其是一些内脏器官的疾病发生后，黄鳝、泥鳅的食欲基本丧失，常规治疗方法几乎失去效果，导致治疗起来比较困难。一般等治愈后都要或多或少的死掉一部分，尤其是幼鳅、幼鳝更是如此，给养殖者造成了经济和思想上的负担。因此，对鳝鳅疾病的治疗应遵循“预防为主，治疗为辅”的原则，按照“无病先防、有病早治、防治兼施、防重于治”的原理，加强管理，防患于未然，才能防止或减少黄鳝、泥鳅因死亡而造成的损失。目前在养殖中常见的预防措施有：改善养殖环境，消除病害滋生的温床；加强黄鳝、泥鳅的苗种检验检疫，杜绝病原体传染源的侵入；加强鱼体预防，培育健康的鳝鳅苗种，切断传播途径；通过生态预防，提高鱼体体质，增强抗病能力等措施。具体可以从如下几点来进行。

### 一、改善养殖环境，消除病原体滋生的温床

稻田是黄鳝、泥鳅栖息生活的场所，同时也是各种病原生物潜藏和繁殖的地方，所以稻田的环境、底质、水质等都会给病原体的滋生及蔓延造成重要影响。

1. 环境

黄鳝、泥鳅对环境刺激是有一定应激性的，因此，一般要求

养殖鳝鳅的稻田开挖在水、电、路三通且远离喧嚣的地方，稻田走向以东西方向为佳，有利于冬春季节水体的升温；清除田埂边过多的野生杂草；在做田间工程建设时要注意对鼠、蛇、蛙及部分水鸟的清除及预防，减少危害。

2. 底质

稻田在经过2年以上的使用后，淤泥逐渐堆积。如果淤泥过多，不但影响容水量，而且对水质及病原体的滋生、蔓延产生严重影响，所以说田间沟清淤消毒是预防疾病和减少流行病暴发的重要环节。

清淤工作主要有清除淤泥、铲除杂草、修整进出水口、加固加高田埂等工作，排除淤泥的方法通常有人力挖淤和机械清淤，除淤工作一般在冬季进行，先将田间沟内的水排干，然后再清除淤泥。清淤后的田间沟最好经日光曝晒及严寒冰冻一段时间，以利于杀灭越冬的病原体。

3. 水质

在养殖水体中，生存有多种生物，包括细菌、藻类、螺、蚌、昆虫及蛙、野杂鱼等，它们有的本身就是病原体、有的是传染源、有的是传染媒介和中间宿主，因此，必须进行药物消毒。常用的水体消毒药物有生石灰、漂白粉、鱼藤酮等，最常用且最有效果的当属生石灰。在生产实践中，由于使用生石灰的劳动量比较大，现在许多养殖场都使用专用的水质改良剂，效果也挺好。

## 二、改善水源及用水系统，减少病原菌入侵的概率

水源及用水系统是黄鳝、泥鳅疾病病原传入和扩散的第一途径。优良的水源条件应是充足、清洁、不带病原生物及无人为污染有毒物质，水的物理、化学指标应适合于黄鳝、泥鳅的生长需求。用水系统应使每个养殖的稻田有独立的进水和排水管道，以避免水流把病原体带入。养殖场的设计应考虑建立蓄水池，这样

可将养殖用水先引入蓄水池，使其自行净化、曝气、沉淀或进行消毒处理后再灌入养殖池，也能有效地防止病原随水源带入了。

科学管水和用水，目的是通过对水质各参数的监测，了解其动态变化，及时进行调节，纠正那些不利于养殖动物生长和影响其免疫力的各种因素。一般来说，必须监测的主要水质参数有pH、溶解氧、温度、盐度、透明度、总氨氮、亚硝基氮和硝基氮、硫化氢，以及检测优势生物的种类和数量、异氧菌的种类和数量等。

维持良好的水质不仅是鳝鳅生存的需要，同时也是使鳝鳅处在最适条件下生长和抵抗病原生物侵扰的需要。

### 三、科学使用微生物，改善生态环境

在进行稻田养殖黄鳝、泥鳅时，可用的水产微生物种类比较多，而且它们具有明显的促进生长、降低病害、提高鳝体和鳅体免疫力的功能。

1. 光合细菌

目前在水产养殖上普遍应用的有红假单胞菌，将其施放在稻田后可迅速消除稻田里的氨氮、硫化氢和有机酸等有害物质，起到改善水体环境、稳定水质、平衡其水体酸碱度的作用。水肥时施用光合细菌可促进有机污染物的转化，避免田间沟内的有害物质积累，改善水体环境和培育天然饵料，保证水体溶氧量；水瘦时应首先施肥再使用光合细菌，这样有利于保持光合细菌在水体中的活力和繁殖优势，降低使用成本。

由于光合细菌的活菌形态微细、比重小，若采用直接泼洒养殖水体的方法，其活菌不易沉降到稻田尤其是田间沟的底部，无法起到良好的改善底质环境的效果，因此，建议全田泼洒光合细菌时，尽量将其与沸石粉合剂合用，这样既能将活菌迅速沉降到底部，同时沸石也可起到吸附氨的效果。另外使用光合细菌的适

宜水温为15~40 ℃，最适水温为28~36 ℃，因而宜掌握在水温20 ℃以上时使用，切记阴雨天勿用。

2. 芽孢杆菌

将芽孢杆菌施入稻田后，能及时降解水体有机物，如排泄物、残饵、浮游生物残体及有机碎屑等，避免有机废物在稻田中的累积。同时有效减少稻田内的有机物耗氧，间接增加水体溶解氧，保持良好的水质，从而起到净化水质的作用。

当养殖水体溶解氧高时，其繁殖速度加快，因此，在泼洒该菌时，最好开动增氧机，以使其在水体中快速繁殖并迅速形成种群优势，对维持稳定水色，营造良好的底质环境有重要作用。

3. 硝化细菌

硝化细菌在水体中是降解氨和亚硝酸盐的主要细菌之一，从而达到净化水质的作用。硝化细菌使用很简单，只需用稻田的水溶解泼洒就可以了。

4. EM 菌

EM 菌中的有益微生物经固氮、光合等一系列分解、合成作用，使水中的有机物质形成各种营养元素，供自身及饵料生物的生长繁殖，同时增加水中的溶解氧，降低氨、硫化氢等有毒物质的含量，可以提高水质质量。

5. 酵母菌

酵母菌能有效分解溶于稻田水中的糖类，迅速降低水中生物耗氧量，在稻田内繁殖出来的酵母菌又可作为黄鳝、泥鳅的饲料蛋白利用。

6. 放线菌

放线菌对于稻田里的氨氮降解及增加溶解氧和稳定 pH 均有较好效果。放线菌与光合细菌配合使用效果极佳，可以有效地促进有益微生物繁殖，调节水体中微生物的平衡，可以去除水体和水底中的悬浮物质，亦可以有效地改善水底污染物的沉降性能、防止污泥结絮，起到改良水质和底质的作用。

7. 蛭弧菌

将蛭弧菌泼洒在稻田后，可迅速裂解嗜水气单胞菌，减少水体致病微生物数量，能防止或减少黄鳝、泥鳅病害的发展和蔓延，同时对于氨、氮等有一定有去除作用。也可改善黄鳝、泥鳅体内外环境，促进其生长，增强免疫力。

## 四、做好消毒措施

1. 黄鳝、泥鳅苗种消毒

即使是健康的黄鳝、泥鳅苗种，亦难免带有某些病原体，尤其是从外地运来的苗种。因此，必须先进行消毒，药浴的浓度和时间，根据黄鳝、泥鳅个体大小和水温灵活掌握。

①食盐。这是黄鳝、泥鳅消毒最常用的方法，配制3%~5%食盐水溶液，洗浴10~15分钟，可以预防鳝鳅的烂鳃病、三代虫病、指环虫病等。

②漂白粉和硫酸铜合剂。漂白粉10毫克/升，硫酸铜8毫克/升，将两者充分溶解后再混合均匀，将黄鳝、泥鳅放在容器里洗浴15分钟，可以预防细菌性皮肤病、鳃病及大多数寄生虫病。

③漂白粉。15毫克/升，浸洗15分钟，可预防细菌性疾病。

④硫酸铜。8毫克/升，浸洗20分钟，可预防黄鳝、泥鳅波豆虫病、车轮虫病。

⑤敌百虫。用10毫克/升的敌百虫溶液浸洗15分钟，可预防部分原生动物病和指环虫病、三代虫病。

⑥50毫克/升的PVP－I（聚乙烯吡咯烷酮碘），洗浴10~15分钟，可预防寄生虫性疾病。

2. 工具消毒

各种养殖用具，如患病黄鳝、泥鳅使用的网具、塑料和木制工具等，常是病原体传播的媒介，特别是在疾病流行季节。因此，在日常生产操作中，如果工具数量不足，应在消毒后方可使用。

3. 食场消毒

食场是黄鳝、泥鳅进食的地方，由于食场内常有残存饵料，时间长了或高温季节腐败后可成为病原菌繁殖的培养基，这就为病原菌的大量繁殖提供了有利场所，很容易引起黄鳝、泥鳅感染细菌，导致疾病发生。同时食场是鳝鳅最密集的地方，也是疾病传播的地方，因此对于养殖固定投饵的场所，也就是食场，要进行定期消毒，这是有效的防治措施之一，通常有药物悬挂法和泼洒法两种。

①药物悬挂法。可用于食场消毒的悬挂药物主要有漂白粉、硫酸铜、敌百虫等，悬挂的容器有塑料袋、布袋、竹篓等，装药后，以药物能在5小时左右溶解完为宜，悬挂周围的药液达到一定浓度就可以了。

在鳝鳅疾病高发季节，要定期进行挂袋预防，一般每隔15～20天为1个疗程，可预防细菌性皮肤病和烂鳃病。药袋最好挂在食台周围，每个食台挂3～6个袋。漂白粉挂袋每袋50克，每天换1次，连续挂3天；硫酸铜、硫酸亚铁挂袋，每袋可用硫酸铜50克、硫酸亚铁20克，每天换1次，连续挂3天。

②泼洒法。每隔1～2周在鱼类吃食后用漂白粉消毒食场1次，用量一般为250克，将溶化的漂白粉泼洒在食场周围。

## 五、做好药物预防工作

水产养殖动物疾病的发生，都有一定的季节性，如细菌性肠炎、寄生虫性鳃病和皮肤病等，常在4—10月这段时间内流行。因此，可定期进行药物预防，往往能收到事半功倍的效果。通过体内投喂药饵的方法，可对那些无病或病情稍轻的黄鳝、泥鳅起

到极好的预防或防治作用，药饵的类型有颗粒饵料、拌和饵料、草料药饵、肉食性药饵。这里我们为养殖户介绍一个有效的小验方，每10千克的黄鳝、泥鳅每天用诺氟沙星（氟哌酸）1克或大蒜素50克与食盐20克，拌和成药饵，第2天减半，连续投喂5~7天为1个疗程；如果拌和抗生素做药饵，每10千克的黄鳝、泥鳅用20~50毫克，连续投喂5~7天为1个疗程。

## 六、培育和放养健壮苗种

放养健壮和不带病原体的黄鳝、泥鳅苗种是养殖生产成功的基础，培育的技巧包括如下几点：一是亲本无毒；二是亲本在进入产卵池前进行严格的消毒，以杀灭可能携带的病原体；三是孵化工具要消毒；四是待孵化的鱼卵要消毒；五是育苗用水要洁净；六是尽可能不用或少用抗生素；七是培育期间饵料要好，不能投喂变质腐败的饵料。

## 七、科学投喂优质饵料

饵料的质量和投饵方法，不仅是保证养殖产量的重要措施，同时也是增强黄鳝、泥鳅对疾病抵抗力的重要措施。在稻田里养殖黄鳝、泥鳅时，由于放养密度大，必须投喂人工饵料才能保证养殖群体有丰富和全面的营养物质转化成能量和机体有机分子。因此，科学地根据黄鳝、泥鳅发育阶段，选用多种饵料原料，合理调配，精细加工，保证各阶段的黄鳝、泥鳅都能吃到适口和营养全面的饵料，不仅是维护它们生长、生活的能量源泉，同时也是提高黄鳝、泥鳅体质和抵抗疾病能力的需要。生产实践和科学试验证明，不良的饵料不仅无法提供黄鳝、泥鳅成长和维持健康所必需的营养成分，而且还会导致免疫力和抗病力下降，直接或间接地使黄鳝、泥鳅易于感染疾病甚至死亡。

优质饵料的投喂通常采用“四定”“四看”投饲技术，它是增强黄鳝、泥鳅对疾病抵抗力的重要措施。

定质：黄鳝、泥鳅的饵料要新鲜适口，不含病原体或有毒物质，投喂饵料前一定要过滤、消毒干净，以免将病菌和有害物质及害虫带入稻田使黄鳝、泥鳅患病。腐败变质的饵料坚决不可用来投喂黄鳝、泥鳅。

定量：所投饵料在 1 小时内吃完为最适宜的投饵量，不宜时饥时饱，否则就会使黄鳝、泥鳅的消化机能发生紊乱，导致消化系统患病。

定时：投喂要有固定的时间，一般是 1 天投喂 1～2 次，如果是投喂 1 次，通常在下午 4 点投喂；如果是每天投喂 2 次，一次在上午 9 点前投喂，另一次在下午 4 点左右投喂。

定位：食场固定在向阳无荫、靠近岸边的位置，既能养成黄鳝、泥鳅定点定时摄食的习性，减少饵料的浪费，又有利于检查黄鳝、泥鳅的摄食、运动及健康情况。

看水色确定投饵量：当水色较浓时，说明水体中浮游微生物较多，可少投饵料，水质较瘦时应多投。

看天气情况确定投饵量：如果天气连续阴雨，黄鳝、泥鳅的食欲会受到影响，宜少投饵料；天气正常时，黄鳝、泥鳅的食欲和活动能力大大增强，此时可多投饵料。

看黄鳝、泥鳅的摄食情况确定投饵量：如果所投饵料能很快被黄鳝、泥鳅吃光，而且黄鳝、泥鳅互相抢食，说明投饵量不足，应加大投饵量；如果所投饵料在 1 小时内吃完，说明饵料适宜；如第 2 次投喂时，仍见部分饵料未吃完，这可能是投喂过多或黄鳝、泥鳅患病造成食欲降低，此时可适当减少投饵量。

看黄鳝、泥鳅的活动情况确定投饵量：如果黄鳝、泥鳅活动能力不旺，精神萎靡，说明黄鳝、泥鳅可能患病，宜减少投饵量并及时诊治并对症下药；如果黄鳝、泥鳅活动正常，则可酌情加大投饵量。

# 第五节　黄鳝的常见疾病与防治

## 一、赤皮病

【别名】赤皮瘟、擦皮瘟。

【病原病因】细菌感染导致。尤其是在捕捞或运输时受伤，细菌侵入皮肤所引起的。

【症状特征】体表局部出血，发炎，鳞皮脱落，病鳝身体瘦弱。

【流行特点】①全国各黄鳝养殖区均能发病。

②一年四季均可发生。

【危害情况】①主要危害成鳝。

②该病发病快，传染率及死亡率都很高，最高时死亡率可达80%。

【预防措施】①放养时用10毫克/升的漂白粉浸洗鳝体20分钟。

②在鳝池埂上栽种菖蒲和辣蓼。

③捕捞和运输苗种时，小心操作，勿使鳝体受伤。

④发病季节用0.4毫克/升的漂白粉挂篓预防。

【治疗方法】①用0.5毫克/升的漂白粉全池泼洒。

②用100克/升的食盐水溶液或10毫克/升的二氧化氯溶液擦洗患处。

③用20~50克/升的食盐水溶液浸洗病鳝15~20分钟。

## 二、烂尾病

【病原病因】是由点状产气单胞杆菌引起的细菌性鱼病。

【症状特征】黄鳝患病后，尾部发炎充血，继之尾部的肌肉开始出现坏死溃疡现象，严重时整个尾部烂掉，尾脊骨全部露在外面。病鳝在水中游动时反应迟缓，常常把头伸出水面，时间一长就会因丧失活动能力而死亡。

【流行特点】①该病一年中均很常见。

②各种规格的黄鳝都可能发生此病。

③常伴随感染水霉病。

【危害情况】生病严重时，病鳝会死亡。

【预防措施】①捕捞、换水、运输等操作要小心，防止鱼体机械受伤。

②尽量消灭寄生虫，防止寄生虫咬伤鱼体，以减少致病菌感染。

③用0.5毫克/升的二氧化氯全池遍洒。

④每100千克鱼每天用3克诺氟沙星（氟哌酸）拌饲料投喂，连喂5天。

【治疗方法】①用三氯异氰尿酸泼洒，使饲养水中的药物质量浓度达到0.4~1.0毫克/升。

②发病初期，用1%的二氯异氰尿酸钠溶液涂抹，每天1次，连续多次，同时用二氧化氯泼洒，使饲养水中的药物质量浓度达到1~2毫克/升。

③用2.5毫克/升的土霉素溶液浸洗鱼体30分钟，再泼洒稳定性粉状二氧化氯，使水体中药物质量浓度达到0.3毫克/升。

④用0.8~1.5毫克/升的依沙吖啶（利凡诺）全池遍洒。

⑤用药物治疗的同时，必须投喂营养丰富的配合饲料，加强营养，以增强抗病力与组织再生能力。

⑥每亩水面用五倍子1千克，加水3~5千克，煮沸20分钟，连渣带汁全池泼洒，使池水含五倍子质量浓度为每立方米1~4克。

## 三、肠炎

【别名】烂肠瘟

【病原病因】肠型点状气单胞杆菌感染所致。尤其是黄鳝吃了腐败变质的饵料或饥饱失常，造成消化道感染病菌时更易发生。发病原因可能与过量饱食、气候骤变、水温或溶解氧下降及水质恶化等有关，饲料不新鲜、变质也可有引发肠炎。

【症状特征】病鳝反应迟钝，活动力下降，离群独游，食欲明显下降或明显没有食欲，水面上漂浮着包有黄白色黏液的粪便。体色变青发黑，肛门红肿突出，可明显看见肛门外有 2 个小孔，轻压腹部有黄色或红色黏液从肛门及口腔中流出。肠管充血发炎，一般不会引起大量死亡，但有可能引发其他并发症，如并发肝脏问题等，则有可能很快死亡。

【流行特点】①在黄鳝整个生长过程中均可发生此病。

②5—8 月是主要流行时期。

③流行水温 25 ~ 30 ℃。

④全国主要黄鳝养殖区都能发病。

【危害情况】①主要危害幼鳝、成鳝。

②能导致黄鳝直接死亡。

【预防措施】①投喂新鲜优质饲料，不投腐败变质饵料，掌握投饲“四定”“四看”技术。

②天气变化或使用药物时可适当降低投饵量，保持鳝池环境清洁。

③用生石灰彻底清池，每平方米 15 ~ 25 克。

④在发病季节每 10 ~ 15 天用漂白粉消毒 1 次。

⑤长期投喂含三黄粉 0. 25 克/千克的饲料。

【治疗方法】①每 10 千克黄鳝第 1 天用诺氟沙星（氟哌酸）1 克，拌食投喂，第 2 ~ 6 天减半。

②每1千克食物拌200克大蒜糜，连喂3天，每天1次。

③每10千克黄鳝用地锦草、辣蓼或菖蒲0.5千克，单独或混合熬汁拌食投喂，每天1次，连续3天。

④用10毫克/升的漂白粉全池遍洒。

⑤每100千克黄鳝用大蒜500克、食盐500克，分别捣烂、溶解，拌饵投喂，连喂7天为1个疗程。

⑥用0.05毫克/升的头孢拉定（菌必清）溶液全池泼洒，连用2~3天。同时内服（鱼病康散4克+三黄粉0.5克+芳草多维2克）/千克饲料，连用3~5天。

## 四、白皮病

【病原病因】由白皮极毛杆菌引起的。主要由于捕捞、分箱、过筛、运输时操作不细致，使黄鳝受伤后感染了细菌的结果。

【症状特征】发病初期，在尾柄或背鳍基部出现一小白点，以后迅速蔓延扩大病灶，致使黄鳝的后半部全成白色。病情严重时，病鳝的尾部全部烂掉，病鳝行动缓慢，一抓就能抓住。

【流行特点】一年四季均可发生，主要流行季节为5—8月。

【危害情况】死亡率高。

【预防措施】①避免鳝体受伤。

②用浓度为1毫克/升的漂白粉全池泼洒。

【治疗方法】①用2~4毫克/升的五倍子捣烂，用热水浸泡，连渣带汁泼洒全池。

②用2%~3%的食盐水溶液浸洗病鳝20~30分钟。

③病鳝池泼洒0.3~0.5毫克/升二氧化氯。

④每亩水深1米用菖蒲1千克、枫树叶5千克、辣蓼3千克、杉树叶2千克、煎汁后加入尿素20千克，全池泼洒。

⑤每亩用韭菜2~3千克，加0.5千克食盐，和豆饼一起磨碎后投喂。每日2次，连喂2~3天。

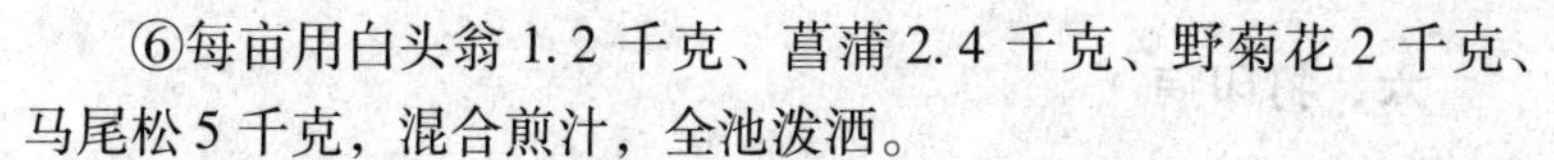

⑥每亩用白头翁 1.2 千克、菖蒲 2.4 千克、野菊花 2 千克、马尾松 5 千克，混合煎汁，全池泼洒。

⑦口服四黄粉，按饲料重量的 5% 混入饲料中，连喂 3 天即可。

## 五、出血病

【病原病因】嗜水气单胞菌侵入受伤鳝体皮肤所致。苗种下箱或进池后，由于苗种质量差，抵抗力弱，加之降雨、低温、天气变坏、水质恶化等原因引起鳝苗的细菌感染。

【症状特征】黄鳝患此病后在水中上下窜动或不停绕圈翻动，久之则无力游动，横卧于水草上呈假死状态。白天可见病鳝头部伸出水面，俗称“打桩”；晚上可见身体部分露出水面，俗称“上草”。黄鳝体表出现许多大大小小的充血斑块，有时全身会出现弥漫性出血，特别是腹部明显，病鳝内脏器官出血，用手轻轻挤压便有血水流出。

【流行特点】①此病多发生于盛夏及初秋季节。

②网箱养殖黄鳝更易发生。

【危害情况】①30 克以上的黄鳝最易受伤害。

②死亡率较高，有时可达 60%。

【预防措施】①放养前，用生石灰彻底清塘，防止黄鳝体表受伤。

②定期更换池水，保持水质清新。

③定期使用净水宝或鱼用微生物水质调节剂，每 10 天 1 次。

【治疗方法】①按每 100 千克黄鳝用诺氟沙星（氟哌酸）20 克、大蒜 1 千克，捣烂，拌入蚯蚓糊，每天投喂 1 次，连喂 3 天即可。

②用芳草灭菌净水液对网箱定点泼洒 2 次，同时内服出血散、三黄粉和芳草多维，连续拌饵投喂 2～3 天，1 天 1 次。

## 六、打印病

【病原病因】点状产气单胞菌。当养殖条件恶化、放养密度大、苗种规格不整齐、鳝体受损伤、饲料腐败、网箱没有浸泡好而划伤鳝体等原因时，易受病原菌感染而生病。

【症状特征】发病黄鳝，常将头部伸出水面。体表局部出血发炎，在鳝体侧或伤口处出现圆形或椭圆形黄豆或蚕豆大小的红斑，状似打了一个红色的印记，严重时表皮腐烂或呈斗状小窝，直到烂穿露出骨骼与内脏。

【流行特点】①流行广泛，多见于夏秋两季。

②流行温度是 20 ~ 30 ℃。

【危害情况】该病从幼鳝到成鳝都会被感染，尤其对成鳝的危害更大。

【预防措施】①定期换水，保持水质清新。

②放养前，用生石灰彻底清塘，并防止黄鳝体表受伤。

③苗种进箱或进池时要求规格一致，浸泡网箱及分箱操作要规范。

④平时可在鳝池中按每 5 平方米投放 1 只活蟾蜍（俗称癞蛤蟆），其分泌的蟾蜍液对此病有较好的预防作用。

⑤每立方米水体用生石灰 7 克化水趁热全池泼洒，每半个月 1 次，加以预防。

【治疗方法】①将发病鳝池水排干，清除底泥，另垫泥土，灌注新水。

②用 100 毫克/升的漂白粉全池泼洒，每天 1 次，连续 3 天，以后每半月 1 次。

③直接在病灶部位涂抹高锰酸钾溶液清洗。

④取 1 ~ 2 只剥皮的蟾蜍，用绳子系着在池内来回拖几趟，使蟾蜍分泌的蟾酥散发池内，可治疗此病。

⑤用浓度为5%的食盐水溶液浸洗黄鳝体表5分钟。

⑥外用头孢拉定（菌必清）或强效消毒液对水体消毒1次，再用芳草泼洒剂对网箱定向泼洒2～3次，1天1次，同时内服鱼病康、三黄粉和芳草多维2～3次，1天1次。

## 七、毛细线虫病

【病原病因】毛细线虫寄生在黄鳝肠壁黏膜层，破坏组织，使肠中其他病菌侵入肠壁引起发炎。

【症状特征】毛细线虫头部钻入肠壁黏膜，破坏组织，并形成胞囊，使肠壁发炎、红肿，大量寄生时，黄鳝躁动不安，摄食减退，鳝体消瘦，伴有水肿、肛门红肿，可造成黄鳝消瘦死亡。

【流行特点】①全国各地养鳝地区均发病。

②多发生于夏末秋初。

【危害情况】①此病是人工养殖黄鳝过程中最常见的寄生虫疾病之一。

②严重时可直接导致黄鳝死亡。

【预防措施】①用生石灰彻底清塘，或放鳝种前将池水排干，经太阳长时间曝晒，杀死病原体。

②在流行季节，每立方米水体用20克生石灰清池，杀灭中间寄主、带病者及其虫卵。

【治疗方法】①每1千克黄鳝用90%的晶体敌百虫按0.1克拌入剁碎的蚯蚓或新鲜河蚌肉投喂，连续6天，即可治愈该病。

②用强效消毒液浸洗病鳝。

③用芳草纤灭（青蒿散）全池泼洒1次。

## 八、嗜子宫线虫病

【别名】红线虫病。

【病原病因】由嗜子宫线虫的寄生而引起。

【症状特征】只有少数嗜子宫线虫寄生时，黄鳝没有明显的患病症状。虫体一般冬季寄生在黄鳝肠道和腹腔中，春季后虫体生长迅速。当虫体破裂后，可引起黄鳝生病，往往引起细菌、水霉病继发。

【流行特点】①春季是该病的流行季节，夏秋季不发此病。

②华东、华中地区等地发病率较高。

③需要剑水蚤做中间宿主。

【危害情况】患嗜子宫线虫病的黄鳝一般不会直接死亡，即使病情严重时，也在5个月左右死亡。

【预防措施】用浓度为90%的晶体敌百虫配制成0.4～0.6毫克/升的溶液全池泼洒，杀死水体中的中间宿主——剑水蚤类，4月下旬及5月上旬各遍洒1次。

【治疗方法】①用90%的晶体敌百虫2.5克拌在1千克的蚯蚓里，连续投喂3天。

②用三氯异氰尿酸泼洒，水温25℃以上时，使水体中的药物质量浓度达到0.1毫克/升，20℃以下时，用药浓度为0.2毫克/升。

③用二氧化氯泼洒，使水体中的药物质量浓度达到0.3毫克/升，可以预防继发性的细菌性疾病的发生。

④内服甲苯咪唑，每1千克饲料或5千克鲜活饵料加药10克，搅拌均匀后投喂，连喂3天为1个疗程。

## 九、复口吸虫病

【别名】黑点病、双穴吸虫病。

【病原病因】复口吸虫的囊蚴寄生于黄鳝的皮下组织或眼中引起的。

【症状特征】黄鳝刚刚发病的时候，尾部出现浅黑色的小圆点，用手抚摸时，有异样感觉；随着病情的加重，小圆点也渐渐变大而且慢慢隆起，颜色也渐渐变深；有的黑色小圆点突起直入皮下，并蔓延到身体的多个部位，就好像黄鳝身上长了黑芝麻一样，所以形象地称之为黑点病；病鳝眼中的水晶体混浊，呈乳白色，严重时整个眼睛失明或水晶体脱落，导致病鳝不能正常摄食，也不进入洞穴中，在游泳姿态上表现为挣扎状，以致黄鳝瘦弱而死。

【流行特点】①该病流行于5—8月。

②全国各地都有发生，尤其在鸥鸟及锥实螺较多的地区更为严重。

③患病多数是1龄以上的黄鳝，患病的概率相当高。

【危害情况】发病后鳝体颜色变异、水晶体混浊，易造成黄鳝死亡。

【预防措施】①切断传播途径，当鳝池里一旦发现有锥实螺时，立即清除，因为锥实螺是复口吸虫的中间寄主。

②饲养前鳝池要进行彻底清塘，在放养鳝种前可用浓度为0.7毫克/升的硫酸铜溶液全池泼洒，消灭中间寄主，进水时要经过过滤。

【治疗方法】①立即人工毒杀锥实螺。

②用0.7毫克/升的硫酸铜溶液全池泼洒。

③内服甲苯咪唑，每1千克饲料或5千克鲜活饵料加药10克，搅拌均匀后投喂，连喂3天为1个疗程。

## 十、隐鞭虫病

【病原病因】由颤动隐鞭虫寄生在黄鳝血液中而引起的疾病。

【症状特征】被感染的黄鳝呈贫血状，吃食减少，病体消瘦，游动缓慢，呼吸困难，防鞭虫大量寄生于血液中会引起黄鳝死亡。

【流行特点】全年都可感染，以夏、秋两季较为常见。

【危害情况】①一般对成鳝的感染率较低，危害不大。

②主要危害幼鳝和鳝苗，可以导致黄鳝种苗的大量死亡。

【预防措施】可以通过内服杀虫药进行预防，每1千克配合饲料或每5千克的活饵料中拌和10克的甲苯咪唑，拌匀后投喂，每月可连续投喂2天。

【治疗方法】①用2%～3%的食盐水溶液浸洗病鳝5～10分钟。

②用硫酸铜和硫酸亚铁合剂（二者比例为5∶2）全池发洒，使池水质量浓度达到0.7毫克/升，每天1次，3次为1个疗程。

## 十一、棘头虫病

【病原病因】是一种隐藏新棘虫在黄鳝的前肠中营寄生生活所引起的。

【症状特征】病鳝肠壁损伤发炎，或因大量寄生而引起肠梗阻、肠道穿孔或溃烂。病鳝食欲减退，或不摄食，鱼体消瘦，体色发黑发青，严重时可见病鳝身体盘曲，用头抵住腹部，最后死亡。

【流行特点】新棘虫对黄鳝的感染能力很强，在湖泊、水库等自然水体中，感染率在90%以上，而在经过消毒处理的池塘环境下，新棘虫对黄鳝的感染率为50%左右。

【危害情况】①体内寄生虫达到30条以上时，会导致黄鳝的生殖腺发生萎缩现象；②新棘虫感染更多时，黄鳝的死亡率比较高。

【预防措施】主要是做好池塘的清塘消毒工作，尤其是要杀死水体中的剑水蚤，因为它是新棘虫的中间宿主。

【治疗方法】①每1千克黄鳝用90%的晶体敌百虫0.1克与切碎的河蚌肉掺拌投喂，每天1次，3～5天为1个疗程；②用具有驱虫效果的中草药或其他驱虫药。

## 十二、锥体虫病

【别名】昏睡病。

【病原病因】由锥体虫寄生在黄鳝的血液内而引起的疾病。

【症状特征】黄鳝病情较轻时，症状不明显，只是身体略微瘦弱，寄生虫严重感染时，黄鳝身体相当瘦弱，身体瘦得如同枯枝杆，生长发育不良，同时伴有贫血现象，但不会引起大批死亡。

【流行特点】①一年四季均有发现，尤以夏、秋两季较普遍。

②饲养水体中的尺蠖鱼蛭等蛭类是锥体虫病的媒介生物，因此，锥体虫病的发生与否，与水体中有无蛭类密切相关。

③养殖环境决定黄鳝的受感染程度，在池塘里感染概率要比在湖泊、水库中的感染概率要小得多，这主要是在池塘里，坚持池塘的清整和消毒的功劳，加上对黄鳝进行治疗疾病时，投放鱼药时也会不同程度地杀死了锥体虫的媒介生物和中间寄主。

【危害情况】锥体虫是寄生在黄鳝体内的常见寄生虫，会影响黄鳝的生长发育，只有个别严重者会死亡。

【预防措施】杀灭水蛭，水蛭是锥体虫的传播媒介，用生石灰或漂白粉清塘消毒，也可用敌百虫毒杀水蛭。

【治疗方法】①内服甲苯咪唑，每 1 千克饲料或 5 千克鲜活饵料加药 10 克，搅拌均匀后投喂，连喂 3 天为 1 个疗程。

②可用盐水或硫酸铜溶液浸洗病鳝。用 3%～4% 的食盐水溶液浸洗病鳝 3～5 分钟，再用 0.7 毫克/升的硫铁合剂溶液（0.5 毫克/升的硫酸铜、0.2 毫克/升的硫酸亚铁）浸洗病鳝 10 分钟，可以有效地杀灭大部分锥体虫。

## 十三、水霉病

【病原病因】由水霉菌寄生引起的。主要是黄鳝在运输、翻箱等机械性损伤或互相咬伤皮肤后被霉菌侵入所致。

【症状特征】霉菌的菌丝在体表迅速蔓延扩散而生成“白毛”，呈灰白棉絮状，肉眼可见，病鳝表现为焦躁不安，患病处肌肉糜烂，食欲不振，最后消瘦而死。

【流行特点】①水霉菌在5～26 ℃时均可生长繁殖，最适温度为13～18 ℃，水质较清的水体易生长繁殖并流行。

②四季均可发生，尤其在晚冬季节最流行。

【危害情况】主要寄生在黄鳝的伤口处及受精卵上，危害黄鳝的鳝卵及仔鳝。

【预防措施】①黄鳝入池前，用生石灰清池消毒。

②放养时大小分养，防止大鳝吃小鳝。

③操作时尽力减少鳝体受伤。

④投饵均匀适量，减少黄鳝自相蚕食。

【治疗方法】①及时更换新水。

②用400毫克/升的食盐水溶液和400毫克/升的小苏打合剂全池泼洒。

③用30～50克/升的食盐水溶液浸泡病鳝3～4分钟，并用0.2%的亚甲基蓝溶液全池遍洒，抑制病情发展。

④成鳝患病时用5%的碘水涂抹患处。

⑤受精卵可用50毫克/升的亚甲基蓝溶液浸洗3～5分钟，连续2天后每天用10毫克/升的亚甲基蓝1次，直至孵化出苗为止。

⑥用水霉净浸泡或全箱（池）泼洒1～2次。

## 十四、感冒

【病原病因】黄鳝和其他鱼类一样都属于冷血动物，它的体温会随着水温而变化。一般来说，长期生活在同一水体环境中的黄鳝，它的体温与水温基本相当，一般只有0.2 ℃左右的温差。

当水温骤变，温差达到 3 ℃以上，黄鳝突然遭遇不能忍受的刺激而感冒发病。

【症状特征】病鳝表现为焦躁不安，皮肤失去原有光泽，颜色暗淡，体表出现一层灰白色的翳状物，严重时病鳝呈休克状态，以至于发生死亡。

【流行特点】①在春秋季温度多变时易发病。

②夏季雨后易发病。

【危害情况】①幼鱼易发病。

②当水温温差较大时，几小时至几天内鱼体就会死亡。

③当长期处于其生活适温范围下限时，会引起黄鳝发生继发性低温昏迷；长期处于低温时，还可导致鱼体被冻死。

④在初次养殖黄鳝的经营者中经常会出现因发生感冒而造成的损失。

【预防措施】①换水时及冬季注意温度的变化，防止温度的变化过大，可有效预防此病，一般新水和老水之间的温度差应控制在 2 ℃以内，换水时宜少量多次地逐步加入。

②在给养殖池换水时，换水量不要太大，一般新加的水不要超过老水的 1/4。

治疗方法：适当提高温度，用小苏打或浓度为 1% 的食盐水溶液浸泡病鱼，可以渐渐恢复健康。

## 十五、发烧

【病原病因】主要是由于高密度养殖或密集式运输时，鳝体表面所分泌的大量黏液，使水体在微生物作用下，聚积发酵加速分解，消耗水中溶解氧并产生大量热量，使水温骤升，溶解氧降低而引发。

【症状特征】黄鳝体表较热，焦躁不安，相互纠缠在一起形成一个团块状，体表黏液脱落，池水黏性增加，头部肿胀，可造成大批量死亡。

【流行特点】①全国各地养鳝地区均发病。

②多发于7—8月。

【危害情况】主要危害成鳝。

【预防措施】①夏季要搭棚遮阴，勤换水，及时清除残饵。

②降低养殖密度，鳝池内可搭配混养少量泥鳅，以吃掉残饵，维持良好水质，泥鳅的上下游窜可防止黄鳝相互缠绕。

③在运输或暂养时，可定时用手上下捞抄几次。

【治疗方法】①黄鳝发病后，立即更换新水。

②在池中用0.7毫克/升的硫酸铜和硫酸亚铁合剂泼洒（两者比例5∶2）。

③发病后可用0.07%浓度的硫酸铜溶液，按每立方米水体5毫升的用量泼洒全池。

④每立方米水体用大蒜100克、食盐50克、桑叶150克捣碎成汁均匀泼洒鳝池内，每天2次，连续2～3天。

## 十六、水蛭病

【病原病因】水蛭，俗称蚂蟥，吸附在黄鳝体表，引起细菌感染而得病。尤其是用无土法养殖黄鳝时，在池中培育水葫芦，对养殖效果是有利的，但易带入蚂蟥（蚂蟥喜躲藏于水葫芦的根部）。

【症状特征】病鳝活动迟缓，食欲减退，影响生长。

【流行特点】全年均可发生，尤其以夏秋季为高发期。据有关资料报道，1条黄鳝的体表可寄生蚂蟥10多条，多的甚至超过100条。

【危害情况】①黄鳝感染时，死亡率可达10%左右；②水蛭还是黄鳝锥体虫的中间宿主。

【预防措施】①在选择养殖黄鳝的水域时，应事前调查了解该水域是否有蚂蟥出没，如果水域中蚂蟥很多，进水时应采取过滤处理等措施，防止引入蚂蟥。否则，不宜作黄鳝养殖场地。

②饲养黄鳝时，要特别重视水体中不要引进蚂蟥，也不让蚂蟥有繁殖的条件。

③注意在移植水生植物如水葫芦时，不带入虫源。

④利用蚂蟥趋动物血腥味的特性，可用干枯的丝瓜浸湿猪鲜血后，放入有蚂蟥的鳝池中，诱蚂蟥聚集，待1~2小时取出丝瓜，将蚂蟥捕灭，或在养鳝池中插上一个内装有畜禽血的细小竹筒，待蚂蟥钻到筒内吸血后再捕捉。

【治疗方法】①用25升水加90%的晶体敌百虫50克配制成质量浓度为0.2%的敌百虫溶液，将病鳝放入，浸洗10~15分钟，能使蚂蟥脱落致死。

②用25升水加硫酸铜0.25克，配制成质量浓度为10毫克/升的硫酸铜溶液，将病鳝放入，浸洗5~10分钟，能使蚂蟥脱落致死。如发现浸洗时黄鳝有颤抖现象，说明药物浓度过高或浸洗时间过长，应立即将黄鳝捞出置于清水中。

③用10毫克/升的敌百虫溶液或5毫克/升的高锰酸钾溶液浸泡，杀灭蚂蟥的效果均较好，方法是将有蚂蟥吸附的水葫芦放到配制好的药液中浸泡，则吸附在根上的蚂蟥会全部脱落，并逐渐死亡，而对水葫芦本身无影响。

## 十七、肌肉萎缩症

【病原病因】黄鳝患上这种病一般都是人为造成的，主要是放养密度过大、长期投喂不足或放养鳝种时大小混放而引起的。

【症状特征】病鳝头大、颈小、身细，肌体的肥满度下降，产生肌肉萎缩现象。病鳝的体色发黑，表现为离群独游、浑身无力游泳、待在水边不动、食欲下降，严重时失去摄食能力。

【流行特点】一年四季均可发生，尤其是在越冬期间，更易发生。

【危害情况】成鳝可在 1 年之内萎缩到 30 克重，体长缩至 20 厘米以下。

【预防措施】①放养鳝种时做到大小规格一致，不同规格的鳝种要分池（箱）放养。

②放养密度要合适，不可过度追求高密度养殖。

③保证饲料的稳定供给，避免饱一餐、饥一顿的养殖方法。同时对饲料的质量要把关，确保黄鳝吃饱吃好。

【治疗方法】①本病还是以预防为主、治疗为辅，当黄鳝出现肌肉萎缩症状后，将病鳝分离出来单独养殖，同时注意饲料的满足。在疾病的早期可使病鳝恢复健康。

②发病早期及时增加新鲜饵料。如蚯蚓、蝇蛆、黄粉虫等。

## 十八、昏迷病

【病原病因】水温过高导致黄鳝发生此病。

【症状特征】养殖池里的水温很高，超过黄鳝的忍受程度，使黄鳝出现昏迷症状，严重时可导致死亡。

【流行特点】①此病多发于炎热季节，尤其是午后时分，以 6—8 月为主要发生季节。

②水泥池更易发生此病。

【危害情况】轻则影响黄鳝的生长，对黄鳝的性腺发育也会造成危害，严重的可导致黄鳝的死亡。

【预防措施】①鳝池周围种植有棚架的瓜果类为池鳝遮阴。

②池中保持一定量的水生植物。

③高温季节，严格控制水温在 28 ℃以内，一般采用加水、换水等方法控制水温。每次加水、换水后还要用水温计测量水温是否达到要求。

【治疗方法】对此病的处理应以预防为主，发生此病时，先遮阴降温，再将鲜蚌肉切碎，撒入池内，有一定疗效。

## 十九、缺氧症

【病原病因】高温闷热季节里，由于气压低，养殖黄鳝的水体里的溶解氧较少，当水体中溶氧量每升低于2毫克时，就会导致缺氧；另外水面高温，黄鳝无法探头呼吸空气，造成肌体呼吸功能紊乱，血液载氧能力剧减而致缺氧。

【症状特征】黄鳝频繁探头于洞外，甚至长时间不进洞穴，造成肌体呼吸功能紊乱，头颈部发生痉挛性颤抖，一般3~7天后陆续死亡。

【流行特点】多发于高温天气。

【危害情况】影响黄鳝的生长发育，严重时可导致死亡。

【预防措施】①严格进行巡塘观察和测控管理，保持水体状态良好和综合缓冲能力。

②高温季节时，要及时进行增氧、降温预防疾病发生，坚持每天向鳝池注入适量新水，排出老水，以保持池水溶解氧充足，预防浮头发生。

③加强鳝池的水质管理，力求确保鳝池“三保持”，即保持水透明度25厘米左右，保持池水有足够的溶氧量，保持水质“肥、嫩、爽、活”，从根本上规避缺氧浮头的成因。

④可在池周种藤蔓植物，如南瓜、黄瓜等，让藤蔓爬到池顶架上遮阴，以降低水温。如果无自然生态遮阴条件，应在鳝池顶上搭架，加盖稻草等遮阴。

⑤水面较大的鳝池一般都要安装增氧机，这是预防鳝池缺氧的有效措施。高温季节，可在凌晨开机1~2小时，增加水体溶氧量。

⑥利用植物净水增氧是养殖鳝鱼特别是网箱养鳝的一项经济

而有效的重要措施。方法就是在鳝池内种植适量的水葫芦、水花生等水生植物，这些植物通过光合作用，释放大量氧气，增加水中的溶氧量。

【治疗方法】①一旦发病，立即换水。

②捞出已麻痹瘫软的病鳝，以减轻载体负担。

③当有缺氧征兆时，应进行紧急救治，一般每亩水面平均水深1米，可用石膏粉3～4千克加明矾3～5千克化水，食盐10千克化水全池泼洒，利用化学反应释放氧气缓解鱼类浮头。也可用过氧化钙（含有效氧为22%）每亩水面平均水深1米施用3～5千克，施用时将过氧化钙搓成粉末撒入池水，药物入水后与水迅速反应生成氢氧化钙和氧气，氢氧化钙能增加水体钙质，提高水体pH，使底质疏松透气，起到改善水质的作用；氧气直接迅速增加水中溶解氧，解救鱼类浮头。

## 二十、梅花斑状病

【病原病因】主要是细菌侵入黄鳝的体表。

【症状特征】初期于伤口或弱鳝肛门附近等出现小红斑，继而扩大成豆粒大小的圆形或椭圆形，严重时尾部全部烂掉，漂浮水面而死。

【流行特点】①此病在长江流域一带常发生。

②在7月中旬最常发生。

【危害情况】影响黄鳝的生长，一般不会导致黄鳝的死亡。只是病情严重时会发生死亡。

【预防措施】饲养池内放养几只蟾蜍，可预防此病发生。

【治疗方法】可用1～2只蟾蜍（池面积大，可多用几只），将头皮剥开，用绳系好，在池内反复拖几次，1～2日后即可痊愈。

## 二十一、痉挛病

【病原病因】主要是由于血液载氧力下降，引起脑供氧不足，导致脑缺氧和脑坏死。另外，鳝苗采集、捕捞、贮养、运输等方式的不当，使高浓度的氨、硫化氢渗入血液造成中毒，也是发生黄鳝痉挛的主要原因之一。水体的 pH 下降会引起黄鳝体液渗透压及 pH 失衡，这也是发生黄鳝痉挛的主要原因之一。

【症状特征】初始表现为停食、易受惊，用声响和振动刺激后，鳝苗会出现窜游和跳跃现象，并持续 15 分钟左右，趋于平静。2～3 天后鳝苗开始表现出弯曲症状，并且就地作打圈运动，同时肌肉极度紧张，头部与身体呈 90°～120°不可恢复性收缩，整个身体呈盘曲状，并伴随不自主地撕咬自身。5 天后鳝苗开始死亡，死亡后体色变浅。

【流行特点】痉挛症一般出现于收购的野生鳝苗放养后 7～10 天。

【危害情况】①从开始发病到死亡结束，时间为 15～20 天。

②死亡率一般在 40%～90%。

【预防措施】①下雨季节，捕捉黄鳝的笼具不能长时间淹没在水里。

②直接从黄鳝捕捞户收购鳝苗，避免从商贩、市场中收购。

③储存时不能密度过高，另外 pH 要维持在合适的范围以内。

④贮养鳝苗的水体要达到黄鳝重量的 5 倍以上，并且每 3 小时要换水 1 次。

⑤鳝苗收购后，进行药物驱虫浸泡，即可下池。

【治疗方法】鳝苗下池前，抗痉剂浸泡处理 4 小时。

## 二十二、青苔

【病原病因】主要由于水位浅、水质瘦、光照直射塘底而导致青苔大量滋生导致。

【症状特征】青苔是一种丝状绿藻的总称，新萌发的青苔长成一缕缕绿色的细丝，矗立在水中，衰老的青苔成一团团乱丝，漂浮在水面上。青苔在池塘中生长速度很快，使池水水质急剧变瘦，对幼鳝活动和摄食都有不利影响；同时，培育池中青苔大量存在时，覆盖在水表面，会使底层幼鳝因缺氧窒息而死。

【流行特点】①水温 14 ~ 22 ℃最流行。

【危害情况】①青苔大量繁殖，引起水质消瘦，使水草无法正常生长。

②青苔漂浮水面，遮盖阳光，水草的光合作用受阻，造成鳝塘缺氧。

【预防措施】①及时加深水位，同时及时追肥，调节好水色，降低光照直射塘底。

②定期追肥，使用生物高效肥水素，池塘保持一定的肥度，透明度保持在 30 ~ 40 厘米，以减弱青苔生长旺期所必需的光照。

【治疗方法】①每立方米水体用生石膏粉 80 克，分 3 次均匀泼洒全池，每次间隔 3 ~ 4 天。如果幼鳝培育池中已出现较多的青苔时，用药量再增加 20 克，施药后加注新水 5 ~ 10 厘米，可提高防治能力。

②可分段用草木灰覆盖杀死青苔。

③在表面青苔密集的地方用漂白粉干撒，用量为每亩 650 克，晚上用颗粒氧，如果发现死亡青苔全部清除，然后每亩泼洒 300 克高锰酸钾。

### 二十三、鸟害

【病原病因】以吃鱼虾为主的鹭鸶、翠鸟等啄食黄鳝，尤其是鳝苗。

【症状特征】可以吃掉黄鳝。

【流行特点】一年四季均有，尤其是春秋季更明显。

【危害情况】这些鸟可以进入池塘捕食黄鳝，有时一天能吃好几尾幼鳝。

【预防措施】最好用旧网片盖住池子，或是采取其他保护措施，如设置稻草人来吓唬这些鸟类。

【治疗方法】没有什么好方法治疗，只能是预防。

## 第六节　泥鳅的常见疾病与防治

### 一、红鳍病

【别名】赤鳍病、腐鳍病。

【病原病因】由细菌引起。当水质恶化、营养不当及鱼体受伤时，更易发生。

【症状特征】泥鳅被感染后，病鱼的体表、鳍、腹部及肛门等处有充血发红症状并溃烂，有些则呈现出血斑点、肌肉溃烂、鳍条腐蚀等现象，同时出现肛门红肿、肠管糜烂的现象。泥鳅在田边水面垂悬，不摄食，直至死亡。

【流行特点】此病易在夏季流行。

【危害情况】对泥鳅危害大、发病率高，可导致死亡。

【预防措施】①苗种放养前用4%的食盐水溶液浴洗消毒。

②避免鱼体受伤，鱼苗放养前应用5毫克/升的二氯异氰尿

酸钠溶液浸泡 15 分钟。

【治疗方法】①用 10～15 微克/升的土霉素或金霉素溶液浸洗 10～15 分钟，每天 1 次，1～2 天即可见效。

②用 1 毫克/升的漂白粉全田泼洒。

③病鱼可用 10 毫克/升的四环素浸洗 1 昼夜。

④按饲料总重的 0.3% 中拌入氟苯尼考进行投喂 5～7 天。

⑤用 10～20 毫克/升的二氧化氯或土霉素或金霉素浸泡病鱼 10～20 分钟，有良好疗效。

⑥病鳅用 3% 的食盐水溶液浸泡 10 分钟。

⑦在改良水质后，用 2～5 毫克/升的六亚甲基四胺全田泼洒，连用 2～3 天。

## 二、肠炎

【别名】烂肠瘟。

【病原病因】嗜水气单胞菌感染。

【症状特征】病鳅行动缓慢，停止摄食，鳅体发乌变青，头部显得特别，腹部出现红斑，肠管充血发炎，肛门红肿，轻者腹部有血和黄色黏液流出，重者发紫，很快死亡。

【流行特点】①在全国均能流行。

②一年四季均能发病，尤其是夏秋季是发病高峰期。

【危害情况】①所有的泥鳅都能感染患病。

②严重时死亡率高达 40%。

【预防措施】①排污清淤时，保持水质清洁。

②不投喂变质饲料，投喂新鲜饲料。

③放鳅种前，要用 3% 的食盐水溶液对泥鳅消毒10 分钟。

④用光合细菌改良水质，效果很明显。

【治疗方法】①每 50 千克泥鳅用复方新诺明 5 克、抗坏血酸钠 0.5 克拌饲料投喂，连喂 3 天即可。

②每 50 千克泥鳅用 15 克大蒜拌料投喂。2 ~ 6 天后减半继续投喂。

③每 50 千克泥鳅用 2 克诺氟沙星（氟哌酸）拌料投喂。

④饲料中按饲料总重的 5% 添加鱼用多维拌料投喂，连喂 3 天即可。

⑤每 1 千克饲料中添加氟苯尼考 1 ~ 3 毫升和维生素 C 1 ~ 3 克，将两者搅拌均匀后，连喂 3 天就可以了。

## 三、黏细菌性烂鳃病

【别名】乌头瘟。

【病原病因】在养殖密度大，或者水质较差时，泥鳅被柱状纤维黏细菌感染。

【症状特征】鳃部腐烂，带有一些污泥，鳃丝发白。有时鳃部尖端组织腐烂，造成鳃边缘残缺不全；有时鳃部某一处或多处腐烂，不在边缘处。鳃盖骨的内表皮充血发炎，中间部分的表皮常被腐蚀成一个略成圆形的透明区，露出透明的鳃盖骨，俗称“开天窗”。由于鳃部组织被破坏造成病鱼呼吸困难，常游近水表呈浮头状、行动迟缓、食欲不振。

【流行特点】①水温在 20 ℃以上即开始流行，春末至秋季为流行盛期。水温在 15 ℃以下时，病鱼逐渐减少。

②全国各地都有此病流行。

【危害情况】当年泥鳅一旦患上此病，大量死亡，危害严重。

【预防措施】①当年泥鳅要适当稀养。

②使用漂白粉挂袋预防。

③在发病季节每月全田遍洒生石灰水 1 ~ 2 次，保持水体 pH 在 8 左右。

④定期将乌桕叶扎成小捆，放在田间沟里沤水，隔天翻动

1 次。

⑤在发病季节尽量减少捕捞次数，避免鱼体受伤。

⑥放养鱼种前用 10 毫克/升的漂白粉或 15 ~ 20 毫克/升的高锰酸钾溶液浸洗鱼种 15 ~ 30 分钟，或用 2% 的食盐水溶液浸洗 10 ~ 15 分钟。

【治疗方法】①用 1 毫克/升的漂白粉全田遍洒。

②用 2. 50 ~ 3. 75 毫克/升的中药大黄，每 0. 5 千克大黄（干品）用 10 千克淡的氨水（0. 3%）浸洗 12 小时后，大黄溶解，连药液、药渣一起全田遍洒。

③在 10 千克的水中溶解质量浓度为 11. 5% 的氯胺丁 0. 02 克，浸洗 15 ~ 20 分钟，多次用药后见效。

④每 100 千克水中放入诺氟沙星（氟哌酸）或土霉素 2 ~ 3 片，用来较长时间浸洗鱼体。

⑤用高效水体消毒剂，用量为 300 ~ 400 克/亩 · 米，全田泼洒，连泼 3 天。

⑥用 2 毫克/升的三氯异氰尿酸溶液浸洗数天，然后更换新水。

⑦用青霉素或庆大霉素溶于稻田中，用药量为青霉素 80 ~ 120 万单位或庆大霉素 16 万单位溶于 50 千克水，全田泼洒。

⑧泼洒稳定性粉状二氧化氯，使田水中药物质量浓度达到 0. 3 ~ 0. 4 毫克/升。

⑨用底质改良剂改底后，再用 0. 2 ~ 0. 4 毫克/升的季铵盐络合碘（如百毒杀星）全田泼洒。

⑩泼洒五倍子（磨碎浸泡），使田水中药物质量浓度达到 2 ~ 4 毫克/升。

⑪用 2% 的食盐水溶液浸洗。水温在 32 ℃以下，浸洗 5 ~ 10 分钟。

⑫每立方米稻田乌桕叶干粉按 6. 25 克计算，用 20 倍乌桕叶

干粉量的2%生石灰水浸泡，煮沸10分钟，使pH在12以上，全田泼洒。

⑬每万尾鱼种或每50千克鱼用干地锦草250克（鲜草1.25千克）煮汁拌在饲料内或制成药饵喂鱼。3天为1个疗程。

⑭将辣蓼、铁苋菜混合使用（各占一半），按每50千克鱼每天用鲜草1.25千克或干草250克计算。煮汁拌在饲料内或制成药饵喂鱼。3天为1个疗程。

## 四、原生动物性烂鳃病

【病原病因】由指环虫、口丝虫、斜管虫、三代虫等原生动物寄生导致鱼鳃部糜烂。

【症状特征】病鱼鳃部明显红肿，鳃盖张开，鳃失血，鳃丝发白、破坏、黏液增多，鳃盖半张。游动缓慢，鱼体消瘦，体色暗淡；呼吸困难，常浮于水面，严重时停止进食，最终因呼吸受阻而死。

【流行特点】①全国各地都有此病流行。

②此病是鱼类的常见病、多发病。

【危害情况】此病能使当年鱼大量死亡。

【预防措施】①用食盐水、二氧化氯或三氯异氰尿酸溶液浸洗。

②用漂白粉或二氯异氰尿酸钠全田遍洒。

③在饵后用漂白粉（含有效氯25%~30%）挂篓预防。

【治疗方法】①及时采用杀虫剂杀灭鱼体鳃上和体表的寄生虫。

②用20毫克/升的依沙吖啶（利凡诺）浸洗。水温为5~10℃时，浸洗15~30分钟；21~32℃时，浸洗10~15分钟，用于早期的治疗。

③用晶体敌百虫0.1~0.2克溶于10千克水中，浸泡病鱼

5 ~ 10 分钟。

④投喂药饵，第 1 天用甲砜霉素 2 克拌饵投喂，第 2 ~ 3 天用药各 1 克，连续投喂 6 天为 1 个疗程直到痊愈。

## 五、水霉病

【别名】肤霉病、白毛病。

【病原病因】由水霉菌寄生引起。泥鳅发生这种病的原因很多，一是在拉网或运输过程中，由于人为的操作不慎而导致鳅体受伤或局部组织坏死，极易感染此病；二是在低温阴雨的天气里，泥鳅卵在孵化过程中也会感染，从而发生大量卵死亡的现象；三是在水温剧烈变化、季节交替时也易发生。

【症状特征】患病泥鳅活动迟缓，食欲下降甚至拒食，体表附着棉絮状的“白毛”，接着创口发生溃烂，通过肉眼就可以识别。

【流行特点】①水霉菌在温度为 5 ~ 26 ℃时均可生长繁殖，最适温度 13 ~ 18 ℃，水质较清瘦的水体易生长繁殖并流行。

②多发生于气温较低时期，尤其是冬季蓄水期。

【危害情况】主要危害泥鳅鱼卵及仔鱼，是泥鳅苗种期间的常见病之一，严重时可以导致泥鳅死亡。

【预防措施】①泥鳅目前多为自然苗，苗种下塘前要注意不要受伤，尤其是在捕捉、运输泥鳅时，尽量避免机械损伤。

②泥鳅从卵到苗种阶段必须带水操作，动作应规范轻巧，避免鱼卵和鱼体受伤。

③用 2 毫克/升的亚甲基蓝溶液浸洗鱼卵 3 ~ 5 分钟。

④彻底清塘，杜绝病菌来源，从而可有效防治该病的发生。

⑤用底质改良剂对稻田的田间沟进行改底，可有效地预防此病的发生。

【治疗方法】①病鱼用 0.5 ~ 0.8 毫克/升的亚甲基蓝溶液浸洗 20 分钟。

②用2%~3%的食盐水溶液浸洗5~10分钟。

③在孵化过程中，可用1毫克/升的亚甲基蓝溶液浸泡鱼卵30分钟。

④用0.04%的食盐水和0.04%的小苏打合剂溶液洗浴1小时。

⑤用0.02%的食盐水和0.01%的小苏打合剂溶液全田泼洒。

⑥每亩用5千克菖蒲煎液，连渣一起全田泼洒。

## 六、赤皮病

【别名】赤皮瘟、擦皮瘟。

【病原病因】细菌感染导致。尤其是在捕捞或运输时受伤，细菌侵入皮肤所引起的。

【症状特征】体表局部出血，发炎，鳞皮脱落，腹部两侧最明显，病鳅身体瘦弱。

【流行特点】①全国各养殖区均能发病。

②一年四季均可发生。

【危害情况】①主要危害成鳅。

②该病发病快，传染率及死亡率都很高，最高时死亡率可达80%。

【预防措施】①放养时用10毫克/升的漂白粉浸洗鳅体20分钟。

②在田埂上栽种菖蒲和辣蓼。

③捕捞和运输苗种时，小心操作，勿使鳅体受伤。

④发病季节用0.4毫克/升的漂白粉挂篓预防。

【治疗方法】①用0.5毫克/升的漂白粉全田泼洒。

②用100克/升的食盐水或10毫克/升的二氧化氯溶液擦洗患处。

③用20~50克/升的食盐水溶液浸洗病鳅15~20分钟。

④用光合细菌调好水质，泼洒 2 毫克/升的聚维酮碘溶液，在泥鳅的病情稳定后，再用 EM 原露全田泼洒，稳定水质。

## 七、白身红环病

【病原病因】因泥鳅捕捉后长期蓄养所致。

【症状特征】病鱼体表及各鳍条呈灰白色，体表出现红色环纹，严重时患处溃疡。此病系因捕捉后长时间流水蓄养所致。

【流行特点】①全国各地均有此病发生。

②3—7 月是流行高峰期。

【危害情况】①主要危害成鳅。

②严重时可引起泥鳅死亡。

【预防措施】①泥鳅放养后用 0. 2 毫克/升的二氧化氯溶液泼洒水体。

②要用生石灰彻底清塘。

【治疗方法】①一旦发现此病，立即将病鳅移入静水池中暂养一段时间，能起到较好效果。

②放养前用 5 毫升/升的二氧化氯溶液浸泡 15 分钟。

③将 1 千克干乌桕叶（合 4 千克鲜品）加入 20 倍重量的质量浓度为 2% 的生石灰水中浸泡 24 小时，再煮 10 分钟后带渣全田泼洒，使田水质量浓度为 4 毫克/升。

## 八、出血病

【病原病因】引起鱼患出血病的因素较为复杂，一般有病毒性、细菌性和环境因素的影响。一般认为由单孢杆菌和寄生虫侵害鱼体或操作粗心，致使鱼体周身或局部受损产生充血、溢血、溃疡等现象。

【症状特征】病鱼眼眶四周、鳃盖、口腔和各种鳍条的基部充血。如将皮肤剥下，肌肉呈点状充血，严重时体色发黑、眼球突出，全部肌肉呈血红色，某些部位有紫红色斑块，病鱼呆浮或沉底懒游。打开鳃盖可见鳃部呈淡红色或苍白色。轻者食欲减退，重者拒食、体色暗淡、清瘦、分泌物增加，有时并发水霉、败血症而死亡。

【流行特点】水温在25～30℃时流行，每年6月下旬—8月下旬为流行季节。

【危害情况】①患病的主要是当年鱼。

②能引起鱼大量死亡。

③此病是急性型，发病快，死亡率高。

【预防措施】①幼鱼在培养过程中，适当稀养，保持稻田水体的清洁，对预防此病有一定的效果。

②彻底清塘。

③调节水质，4月中旬开始，每隔20天泼生石灰20～25千克/亩，7—8月用1毫克/升的漂白粉全田遍洒，每15天进行一次预防，有一定作用。

【治疗方法】①用10毫克/升溴氯海因浸洗50～60分钟，再用0.5～1.0毫克/升三氯异氰尿酸全田遍洒，10天后再用同样浓度全田遍洒。

②严重者在10千克水中，放入100万单位的卡拉霉素或8万～16万单位的庆大霉素，病鱼水浴静养2～3小时，多则半天后换入新水饲养，每日1次，一般2～3次即可治愈。

③用敌百虫全田泼洒，使田水中的药物质量浓度达到0.5～0.8毫克/升；用高锰酸钾全田泼洒，使田水中的药物质量浓度达到0.8毫克/升；用强氯精全田泼洒，使田水中的药物质量浓度达到0.3～0.4毫克/升。

④每吨饲料加诺氟沙星（氟哌酸）200克，连喂3～5天；或每吨饲料加甲砜霉素500～1000克，连喂3～5天。

⑤每万尾用4千克水花生、250克大蒜、250克食盐与浸泡

豆饼一起磨碎投喂，每天2次，连续4天，施药前1天用0.7毫克/升硫酸铜全田泼洒。

⑥高效水体消毒剂300~400克/亩·米，全田泼洒，连泼3天。

⑦按黄檗（黄柏）80%、黄芩10%、大黄10%的比例配制成药饵投喂，方法是按每100千克鱼种每日用混合剂1千克、食盐0.5~1.0千克、面粉3千克、麦皮6千克、菜饼或豆饼粉3~5千克、清水适量，充分拌匀配制成药饵。连续喂5~10天。

⑧每100千克鱼种用10~15千克鲜水花生，粉碎成浆加食盐0.5千克，再用面粉调和制成药饵，连喂6天。

⑨每50千克草鱼用仙鹤草250克、紫珠草100克、大青草250克、海金沙100克。煮汁洒在青饲料上，待水汽蒸发后再用大黄、板蓝根各400~500克，磨碎并加入5克磺胺嘧啶拌匀的精饲料或面粉糊，洒在水汽蒸发后的青草上喂鱼。连喂4~5天。

### 九、打印病

【别名】腐皮病。

【病原病因】因操作不当，鱼体受伤，导致点状产气单胞菌点状亚种侵入，造成鱼体肌肉腐烂发炎。

【症状特征】发病部位主要在背鳍和腹鳍以后的躯干部分，其次是腹部侧或近肛门两侧，少数发生在鱼体前部。病初先是皮肤、肌肉发炎，体表浮肿，出现红斑，后扩大成圆形或椭圆形，边缘光滑，分界明显，就像打上印章一样，俗称“打印病”。随着病情的发展，鳞片脱落，皮肤、肌肉腐烂，甚至穿孔，可见到骨骼或内脏。病鱼身体瘦弱，游动缓慢，严重发病时，陆续死亡。

【流行特点】①该病几乎可以危害所有的鱼类，而且大多是由于鱼类体表受伤后由病原菌的感染所致。

②春末至秋季是流行季节，夏季水温28~32℃是流行高峰期。

③各地均有。

【危害情况】①此病是食用鱼的常见病、多发病，患病的多数是1龄以上的大鱼，当年鱼患病少见。

②亲鱼患此病后，性腺往往发育不良，怀卵量下降，甚至当年不能催产。

【预防措施】①彻底清塘，经常保持水质清洁，加注新水。

②加强饲养管理，注意细心操作，避免鱼体受伤，可有效预防此病。

③在发病季节用1毫克/升的漂白粉，全田泼洒消毒。

④用0.3毫克/升的二氧化氯全田泼洒或用20毫克/升的三氯异氰尿酸药浴10~20分钟。

【治疗方法】①每尾鱼注射青霉素10万国际单位，同时用高锰酸钾溶液擦洗患处，每500克水用高锰酸钾1克。

②用2.0~2.5毫克/升的溴氯海因浸洗。

③发现病情时，及时用1%的三氯异氰尿酸溶液涂抹患处，并用相同的药物泼洒，使水体中的药物质量浓度达到0.3~0.4毫克/升。

④用稳定性粉状二氧化氯泼洒，使水体中的药物质量浓度达到0.3~0.5毫克/升。

⑤对患病亲鱼可在其病灶上涂搽1%的高锰酸钾溶液或紫药水，或用纱布吸去病灶水分后涂以金霉素或四环素药膏。

⑥每亩用苦参0.75~1.00千克，每0.5千克药加水7.5~10.0千克，煮沸后再慢火煮20~30分钟，然后把渣、汁一起泼入水中，连续3天为1个疗程。发病季节每半月预防1次。

⑦每亩用苦参0.5千克、漂白粉2千克，将苦参加水7.5千克，煮沸后再慢火煮30分钟，然后把渣、汁一起泼入水中，同时配合施用漂白粉，将漂白粉化水全田泼洒，连续3天为1个疗程。

⑧每千克饲料用1~3克维生素或3~5克的免疫促进剂，内服，7天为1个疗程。

## 十、气泡病

【病原病因】因水中氧气或其他气体含量过多或过少而引起的。如果水中的溶解氧过高，稻田里包括田间沟内会有一些小小的气泡，鳅苗鳅种把气泡误认为是食物，吞食之后造成它们的腹中有一个泡鼓起来似气泡一样。如果培育池的水体中溶解氧不足，苗种呼吸比较困难，它会在水面呼吸空气，有可能吞食空气，也沉不下去。

【症状特征】在泥鳅苗种培育过程中，会发现鳅池内的苗种行为很奇怪，泥鳅浮于水面，肠中充气而浮于水面，肚皮鼓起似气泡。当苗种受到惊动的时候，它就会立即拼命地往下面游，但是游了一段时间之后，又会自然而然地往上浮，漂浮在水面，始终沉不下去，就是说它还有游动能力，但是游不到水底，只能浮在水面。

【流行特点】在夏季高温季节流行。

【危害情况】主要危害鱼苗。

【预防措施】①及时清除池中腐败物，不施用未发酵的肥料。

②掌握好投饵量和施肥量，防止水质恶化。

③加水前进行曝气，充分降解水中有机物。

④加强日常管理，合理投饲，防止水质恶化。

⑤控制好溶解氧，就能有效地减少气泡病的发生。

【治疗方法】①每亩用食盐5~6千克全池泼洒，同时减少投饵量。

②发生气泡病时，立即冲入清水或黄泥浆水。

③用0.7毫克/升的硫酸铜化水全池泼洒。

④发病后适当提高水体 pH 和透明度，具有很好的缓解作用。

⑤用 5 ~ 6 千克的黄豆打成浆，全池泼洒。

## 十一、弯体病

【病原病因】一是因孵化时水温异常而导致；二是水中重金属元素含量过高而导致；三是缺乏必要的维生素而导致；四是饲料投喂不当而导致；五是环境不良，引起泥鳅的应激反应而导致。

【症状特征】引起泥鳅骨骼变形，身体弯曲或尾柄弯曲。

【流行特点】①全国各地均可发生。

②春夏之间和夏秋之间易发病。

【危害情况】泥鳅从幼鱼到成鱼均能感染。

【预防措施】①保持良好的孵化水温。

②在饵料中添加多种维生素。

③投喂的饲料要注意动、植物性饲料的搭配和无机盐添加剂的用量。

④经常换水，改良底质。

【治疗方法】①先用底质改良剂来改良底质，再用光合细菌等改良水质。

②用免疫促进剂如应激解毒安 2 ~ 5 毫克/升，连用 2 ~ 3 天。

③每 1 千克饲料用 1 ~ 3 克维生素 C 和芽孢杆菌 2 ~ 5 克内服。

## 十二、肝胆综合征

【病原病因】①在高密度养殖的稻田中，水体长期处在较高浓度的亚硝酸盐和氨氮的环境下易发病。

②滥用不合格的饲料，导致泥鳅由于投喂腐败变质的饲料引起饲料中毒，从而发病。

③泥鳅长期营养不均衡，生理失调，机体免疫力下降而导致

发病。

【症状特征】病鱼游动缓慢，体色发黑，鳃丝、胆囊肿大，血红细胞减少，血红蛋白降低，肝脏变黑，鱼体脱黏。

【流行特点】在夏秋季节容易发生。

【危害情况】可导致泥鳅批量死亡。

【预防措施】①加强饲养管理，保证饲料的新鲜程度，不变质及不受污染。

②合理养殖密度，及时换冲水，定期泼洒水质改良剂和底质改良剂，降低稻田中的亚硝酸盐和氨氮的浓度，保持水体和藻相的平衡。

【治疗方法】①在发病季节，每 1 千克饲料加抗生素 5 克，连续投喂，同时用漂白粉挂袋处理。

②发病时要做好调水和保水工作，一般可以用底质改良剂、降解灵等来调节水质，等水质稳定后，再用光合细菌、EM 原露、芽孢杆菌等微生物制剂来保水。

## 十三、车轮虫病

【病原病因】由车轮虫侵袭泥鳅的皮肤而造成的。

【症状特征】病鳅离群独游，浮于水面缓慢游动，急促不安，或在水面打转，食欲减退，身体瘦弱，体表黏液增多，轻则影响生长，重则导致泥鳅的死亡。

【流行特点】该病在春秋季节较为流行。

【危害情况】可引起泥鳅大批死亡。

【预防措施】放养前用生石灰彻底清塘。

【治疗方法】①发病水体用药物全田泼洒，每立方米水用硫酸铜 0. 5 克和硫酸亚铁 0. 2 克全田泼洒。

②病鳅用浓度为 1%～2% 的食盐水溶液浸浴 5 分钟。

③用浓度为 0. 15～0. 20 毫克/升的灭虫精全田泼洒。

# 参考文献


[1] 占家智，羊茜．浅谈黄鳝的生活习性［J］．北京水产，1997（3）：30－33.

[2] 占家智，羊茜．黄鳝常见病的防治［J］．内陆水产，2001（7）：41－42.

[3] 占家智．水产活饵料培育新技术［M］．北京：金盾出版社，2002.

[4] 徐兴川，王权．黄鳝健康养殖实用新技术［M］．北京：中国农业出版社，农村读物出版社，2006.

[5] 印杰，雷晓中，李燕．泥鳅健康养殖技术［M］．北京：化学工业出版社，2008.

[6] 潘建林．黄鳝与泥鳅养殖新技术［M］．上海：上海科学技术出版社，2002.

[7] 秦莉．泥鳅养殖六要素［J］．农家致富，2007（18）：39－40.

[8] 印杰，张从义，蔡聪梅，等．泥鳅池塘养殖的日常管理［J］．重庆水产，2008（4）：31－32.

[9] 徐在宽，徐明．怎样办好家庭泥鳅黄鳝养殖场［M］．北京：科学技术文献出版社，2010.

[10] 北京市农林办公室．北京地区淡水养殖实用技术［M］．北京：北京科学技术出版社，1992.

[11] 凌熙和．淡水健康养殖技术手册［M］．北京：中国农业出

版社，2001.

[12] 戈贤平．淡水优质鱼类养殖大全［M］．北京：中国农业出版社，2004.

[13] 江苏省水产局．新编淡水养殖实用技术问答［M］．北京：农业出版社，1992.